国家示范性高等职业院校重点建设专业教材

建筑防水工程施工

Jianzhu Fangshui Gongcheng Shigong

主　编　谭　建

副主编　张玉杰

主　审　刘永强　尚昱衍

人民交通出版社

内 容 提 要

本书为国家示范性高等职业院校重点建设专业教材。全书以工作过程为依据,按照建筑防水施工过程从简单到复杂的特点,知识由易到难的规律,主要介绍卫生间防水施工、地下防水施工和屋面防水施工三大建筑防水施工典型工作任务知识,并在力求准确遵照现行国家规范的前提下,结合本地区特点,引入本地区防水施工工艺标准。最大限度地满足"行动导向"课程教学素材的需要,突出学生实践能力培养的学习型工作任务。

本书是高职高专院校土建类专业教学用书,可作为职业技能培训教材使用,或供从事土建类工程施工的技术和管理人员学习参考。

图书在版编目(CIP)数据

建筑防水工程施工/谭进主编. —北京:人民交通出版社,2011.6
国家示范性高等职业院校重点建设专业教材
ISBN 978-7-114-09170-4

Ⅰ.①建… Ⅱ.①谭… Ⅲ.①建筑防水-工程施工-高等职业教育-教材 Ⅳ.①TU761.1

中国版本图书馆 CIP 数据核字 (2011) 第 101296 号

国家示范性高等职业院校重点建设专业教材

书　　名:建筑防水工程施工
著 作 者:谭　进
责任编辑:戴慧莉
出版发行:人民交通出版社
地　　址:(100011) 北京市朝阳区安定门外外馆斜街 3 号
网　　址:http://www.ccpress.com.cn
销售电话:(010) 59757969,59757973
总 经 销:人民交通出版社发行部
经　　销:各地新华书店
印　　刷:北京鑫正大印刷有限公司
开　　本:787 × 1092　1/16
印　　张:8
字　　数:186 千
版　　次:2011 年 6 月　第 1 版
印　　次:2011 年 6 月　第 1 次印刷
书　　号:ISBN 978-7-114-09170-4
定　　价:22.00 元

贵州交通职业技术学院教材编写委员会

序

《教育部关于全面提高高等职业教育教学质量的若干意见》(教高[2006]16号)明确指出:“高等职业教育作为高等教育发展中的一个类型,肩负着培养面向生产、建设、服务和管理第一线需要的高技能人才的使命”。探索类型发展道路、构建高技能人才培养模式、开发特色教学资源,是高职院校的历史责任。

2007年,贵州交通职业技术学院被列为国家示范性高等职业院校建设单位。国家示范性院校建设的核心是专业建设,而课程和教材又是专业建设的重要内容之一。如何通过课程的建构来推动人才培养模式的改革和创新?教材编写工作又如何与学校人才培养模式和课程体系改革相结合?如何实现课程内容适合高素质技能型人才的培养?这均是学院示范性建设中的重要命题。

令人欣慰的是学院教师历经3年的不断探索和实践,为学院示范建设作出了功不可没的成绩。其中教材建设就是部分成果的体现,也是全体专业教师、一线工程技术人员共同的智慧结晶和劳动成果。在这些教材中,既有工学结合的核心课程教材,也有专业基础课程教材。无论是哪种类型的教材,在编写中,学院都强调对教材内容的改革与创新,强调示范性院校专业建设成果在教材中的固化,强调教材为高素质技能型人才培养服务,强调教材的职业适应性。因为新教材的使用,必须根植于教学改革的成果之上,反过来又促进教学改革目标的实现,推进高职教育人才培养模式改革。

本教材与传统教材相比有如下三个方面的特点:

第一,该教材由原来传统知识体系的章节结构形式,改为工作过程的项目、模块结构形式;教材中的项目来源于岗位工作任务分析确定的工作项目所设计的教学项目,教材中的模块来源于完成工作项目的工作过程。

第二,教材的内容不再依据相关学科的理论知识体系,而来源于相应岗位的工作内容。教学内容的选取依据完成岗位工作任务对知识和技能的要求,建立在行业专家对相应岗位工作任务分析结果和专业教师深入行业进行岗位调研结果的基础上。注重学生实践训练、培养学生完成工作的能力。

第三,教材不再停留在对课程内容的直接描述,而是十分注重对教学过程的设计,注重学生对教学过程的参与。在教材的各个项目之前,一般都提出了该项目应该完成的工作任务,该任务可能是学习性的工作任务,也可能是真实的工作任务。

在这些教材的编写过程中，也倾注了相关企业有关专家的大量心血和辛勤劳动，在此谨向他们表示衷心的感谢！由于开发时间短，教学检验尚不充分，错误和不当之处难免，敬请专家、同行指教。

贵州交通职业技术学院教材编写委员会

2009.11.20

前　　言

本教材是根据国家高职示范校课程建设的要求，按照职业教育“行动导向”课程的建设思想，以工作过程系统化的课程建设理念为指导，围绕高职建筑工程技术专业人才培养目标定位，依据现行规范、施工工艺标准等进行编写。

本教材按照建筑防水施工过程从简单到复杂的特点，知识由易到难的规律，主要介绍了卫生间防水施工、地下防水施工和屋面防水施工三大建筑防水施工典型工作任务知识，并在力求准确遵照现行国家规范的前提下，结合本地区特点，引入本地区防水施工工艺标准。最大限度地满足“行动导向”课程教学素材的需要，突出学生实践能力培养的学习型工作任务。

本教材由贵州交通职业技术学院谭进担任主编，贵州交通职业技术学院张玉杰担任副主编，并聘请贵州省建设工程质量监督总站刘永强高级工程师和贵阳磐基监理有限公司尚显绗高级工程师担任主审。其中，谭进编写学习情境一的子情境1至子情境3和学习情境三的子情境4；贵州交通职业技术学院张涛编写学习情境二的子情境1、子情境2；贵州交通职业技术学院郝增韬编写学习情境二的子情境3；贵州交通职业技术学院高恺煊编写学习情境二的子情境4；贵州交通职业技术学院龙建旭编写学习情境三的子情境1、子情境2；张玉杰编写学习情境三的子情境3。

在编写过程中，我们参阅了大量公开出版物和发表的文献，并得到贵州省建筑协会、贵州省建设工程质量监督总站、贵州建工集团及贵阳万通环保防水有限公司等单位的大力支持，谨此一并致谢！

由于编者的水平与经验有限，加之编写时间仓促，书中尚有不妥之处，恳请读者批评指正，使教材日趋完善。

编　者

2011年5月

目　　录

引　　言

在房屋建筑中，建筑防水技术发挥着功能保障的作用。房屋建筑的屋面、地下室、外墙面以及厕浴、厨房间的墙、地面等工程部位，能否保证免受各种水的侵入而且不渗漏，直接关系到房屋的使用功能、生活质量和人居环境。做好建筑防水工程，除应选用质量可靠上乘的防水材料外，还必须有周密的设计和精心的施工作保证。

一、建筑防水工程的概念与分类

所谓防水工程，指为防止雨水、地下水、滞水以及人为因素引起的水文地质改变而产生的水渗入建(构)筑物，或为防水蓄水工程向外渗漏所采取的一系列结构、构造和建筑物(构筑物)内部相互止水三大部分工程。按土木工程类别而言，分建筑物防水和构筑物防水；按防水工程的部位而言，分地上防水和地下防水；按渗漏流向而言，分为防外水内渗和防内水外漏；按防水采取的措施和手段不同，分为材料防水和构造防水。材料防水是依靠防水材料经过施工形成整体防水层，阻断水的通路，以达到防水的目的或增强抗渗漏水的能力。构造防水是采取正确与合适的构造形式阻断水的通路和防止水侵入室内的统称。如对墙板的接缝，各种部位、构件之间设置的温度缝、变形缝，以及节点细部构造的防水处理，均属构造防水。其采取的措施，主要有空腔构造防水和使用各类接缝密封材料防水。

二、建筑防水的功能与任务

建筑防水功能就是使建(构)筑物在设计耐久年限内，防止雨水及生产、生活用水的渗漏和地下水的侵蚀，确保建筑结构、室内装饰和产品不受污损，为人们提供一个舒适和安全的空间环境。

建筑防水工程是一个系统工程，它涉及材料、设计、施工、管理等各个方面。

建筑防水工程的任务就是综合上述诸方面因素，进行全方位的评价，精心组织、精心施工，进一步提高各方面的质量和技术水平，以满足建(构)筑物的防水耐用年限和使用功能，并有良好的技术经济效益。因此，建筑防水技术在建(构)筑物工程中占有重要的地位。

学习情境一

卫生间防水施工

一、厕浴、厨房防水设防要求

防水设防要求是按建筑物的类型、性质、重要程度、使用功能要求和结构特点等合理确定防水等级，并据此制订防水方案，提出防水设防要求及选用适当的防水材料。

不论何类防水工程，均不得或不应出现渗漏水，但是由于采取的设防措施和使用的防水材料尤其是柔性防水材料及其防水层都具有不同的耐用年限，因此，不能要求防水层永久不老化、不破损、不渗漏。解决这一问题的关键就是要求从划分防水等级入手，以明确每个防水等级的防水层应在规定的合理使用年限内不老化、不渗漏（如屋面防水工程）；或在隐蔽工程无法规定耐用年限的情况下，在防水等级划分范围内分别规定不允许渗漏水、允许渗漏水的量值（如地下工程）。

厕浴、厨房防水设防，包括地面和墙面两部分，均应采用迎水面防水。

地面防水层应设在结构层的找平层上面，墙面防水宜从地面做至顶板，或离地面 1.8m 处。地面为刚性防水层时，应在地面与墙面交接处预留 10mm × 10mm 的凹槽，嵌填柔性密封材料；地面为涂膜防水层时，应覆盖墙面防水层 150 ~ 200mm 高。安装洁具、器具等设备及水暖管道的预埋件、固定件（如螺钉、管卡等）确需穿过防水层时，其周边均应采用高弹性密封材料密封。穿过地面的管道应设套管。

二、厕浴、厨房防水设防要点

厕浴、厨房的防水可根据建筑类型、墙体材料和使用标准要求等因素，按表 1-1 分别选择地面和墙面的防水做法。

厕浴、厨房防水设防做法 表 1-1

防水部位	地面	墙面
做法 1	合成高分子防水涂料厚 1.5mm 或改性沥青防水涂料厚 3mm	聚合物水泥防水涂料 0.1 ~ 1mm 或聚合物水泥砂浆厚 5mm
做法 2	聚合物水泥防水涂料 1 ~ 2mm 或聚合物水泥砂浆厚 10 ~ 15mm	

注：非公共厨房的内墙面可不设防水层，但离地面 200mm 的墙面及墙根部位应做好防水处理。

三、厕浴、厨房防水设计一般规定

（1）厨房、卫生间的平面设计位置应充分考虑对下层房间的影响。比如住宅的卫生间不应建在他人卧室、厅厨之上，也不宜建在变配电这类对防水有严格要求的房间之上。

（2）公共浴室、卫生间、厨房，其楼面设计应适当增加厚度及配筋率，以提高板的刚度，为减少其裂缝创造条件。

(3)卫生间、厨房及公共浴室的防水层宜从地面向上一直做到上层板底；公共浴室、厨房还应在平顶粉刷中加做聚合物防水涂料。

(4)墙面一般均设计块材贴面，墙面防水宜选用聚合物水泥砂浆、聚合物水泥防水涂料(JS)。

聚合物水泥砂浆因同时可做粘贴层，能减弱墙面温度裂缝的影响，简易、合理、耐久。

(5)楼地面防水可同墙面，其找坡层可用纤维防水砂浆或纤维防水混凝土(掺防水剂的细石混凝土)。防水剂应选用主要起防裂作用的，而不是一定增加密实度的。

厨房及公共浴室，若是结构做沟，找坡防水做法同上。为减少失败率，宜在混凝土板上加做渗透结晶型防水层，其上再做找坡防水。厨房及公共浴室若是材料做沟，则可选用柔性防水层，加聚酯毡隔离，填充混凝土，并做出排水明沟。找平及面层仍采用聚合物水泥砂浆。厨房因为油烟容易在地面冷凝，地砖防滑效果有限，面层可考虑做防滑的聚氨酯涂层。

(6)应尽量避免厨房明沟穿梁，实在不能避免，宜开方洞，预埋不锈钢方管，与钢筋焊在一起，减少对梁承载力的影响，排水效率也高。在方管的四周嵌封聚合物水泥砂浆，关键是埋置高度要准确，嵌封槽要预留好，以便充分操作，提高质量保证率。

(7)提倡设计暗管，简单、卫生、有利于防水。如住宅厨卫，竖向管安装后，穿楼板处用聚合物水泥砂浆嵌实抹平；管底部浇筑纤维细石混凝土台50~100mm高，内掺聚合物；由台向上用60mm厚黏土砖贴管封砌，并在掏堵口处空贴瓷片，实际上形成多层次综合防水。主管装于室外不可取。横管出墙处，不易密封，室外管寿命短，老化快，易发生渗漏，影响环境卫生。

(8)若将暗主管下部1.0~1.2m高度横向接出，形成平台，内装槽管及隐蔽式水箱，就可装壁挂式卫生洁具，不仅更有利于防水，而且节水、隔声、减少卫生死角。内装横管的台，实际上并未多占空间，反而因台能摆放物品，增加了有效使用空间，值得采取。

(9)下沉式卫生间的下防水层应以柔性防水涂料为主，上防水层以透气性聚合物水泥砂浆、聚合物防水涂料为主；下沉部分，宜在混凝土表面清理后直接上涂渗透结晶型防水涂层，然后再做下防水层。如果上、下防水层都用不透气性柔性涂料或卷材，形成“双封”则不可取。

四、厕浴、厨房防水构造认识

1.常用卫生设备

卫生间常用的卫生设备图例见表1-2。

卫生设备图例　　表1-2

名　称	图　例	名　称	图　例
洗脸盆	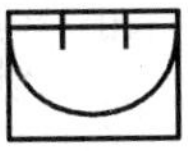	蹲式大便器	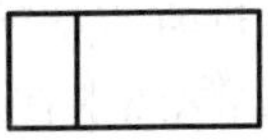
立式洗脸盆	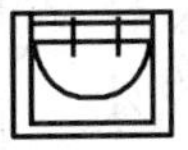	坐式大便器	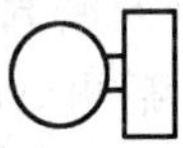
浴盆	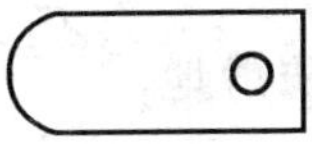	洗涤盆	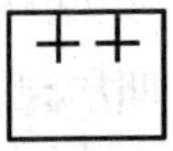
卫生盆	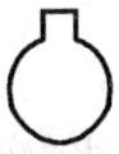	淋浴喷头	

续上表

名　　称	图　　例	名　　称	图　　例
立式小便器		地漏	
挂式小便器		污水池	

2. 卫生间构造

卫生间构造剖面图见图1-1。

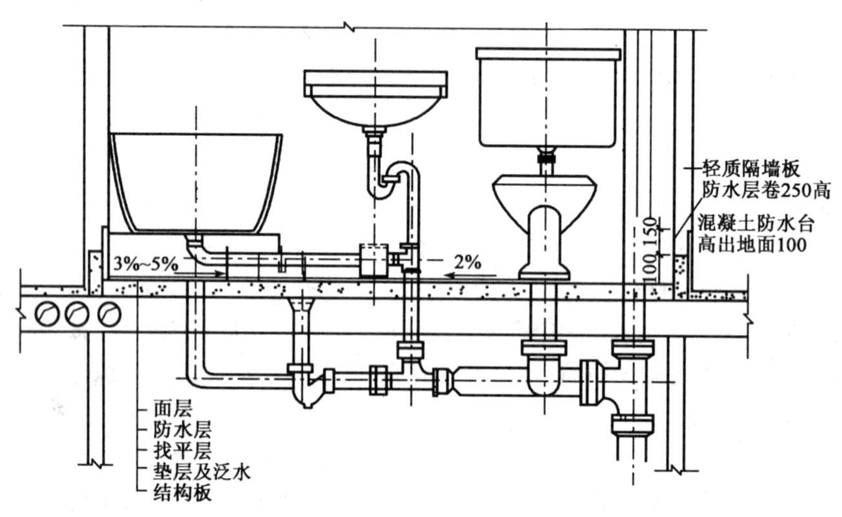

图1-1　卫生间构造剖面图(尺寸单位:mm)

3. 厨浴间地面的构造要求

(1)结构层:卫生间地面结构层一般采用现浇钢筋混凝土板,或整块预制钢筋混凝土板,如用预制钢筋混凝土多孔板时,应用防水砂浆将板缝填满抹平,再铺一层玻璃纤维布条,涂刷两道涂膜防水材料。

(2)找坡层:应向地漏找2%的坡度,厚度较小(<3mm),可用水泥砂浆或混合砂浆(水泥:石灰:砂=1:1.5:8,厚度大于30mm,可用1:6水泥炉渣做垫层)做找坡层。

(3)找平层:用水泥砂浆(水泥:砂=1:2.5)将坡面找平,厚10~17mm,要求抹平、压光。

(4)防水层:应采用涂膜防水层(聚氨酯防水涂膜、氯丁胶乳沥青防水涂膜、SBS橡胶改性沥青防水涂膜等)。如有暖气管、热水管,套管高度为20~40mm,在防水层施工前应先用建筑密封膏将管根部位填嵌严密(宽10mm、深15mm),然后再做防水层。防水层四周卷起高度应符合设计要求,并与立墙防水层胶结好。

(5)面层:可根据设计要求铺贴陶瓷马赛克或防滑地面砖等。面层构造如图1-2所示。

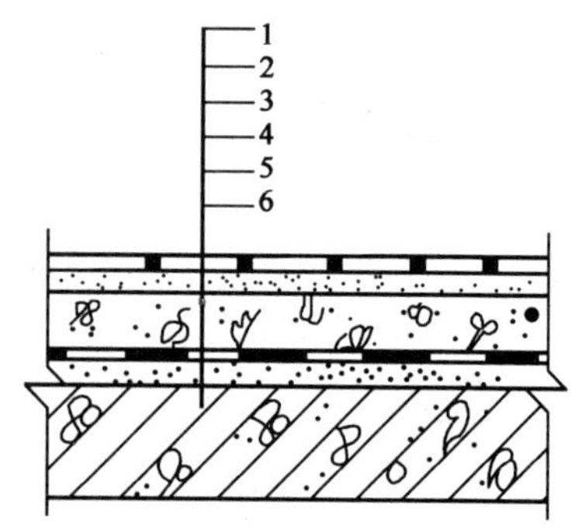

图1-2　面层构造

1-地面面层;2-水泥砂浆找平层;3-找坡层;4-涂膜防水层;5-水泥砂浆找平层;6-结构层

4. 卫生间防水节点构造

卫生间防水节点构造主要有:立管防水构造、地漏防水构造、大便器防水构造、小便槽防水构造等。

立管防水构造如图 1-3 所示。地漏防水构造(一)如图 1-4 所示。

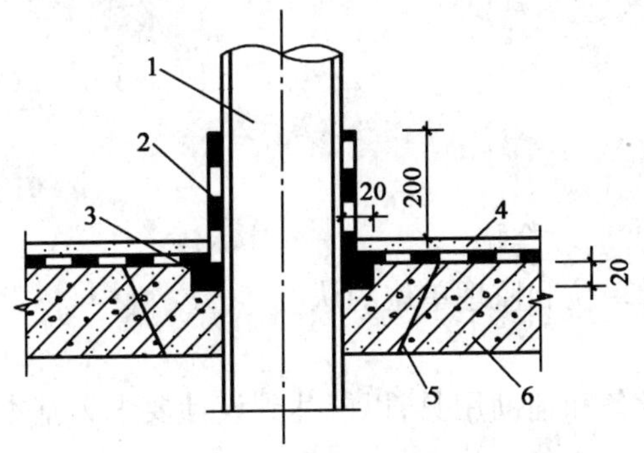

图 1-3 立管防水构造(尺寸单位:mm)

1-穿楼板管道;2-涂膜防水;3-(20mm×20mm)凹槽内嵌密封材料;4-地面面层;5-细石混凝土灌缝;6-地面结构层

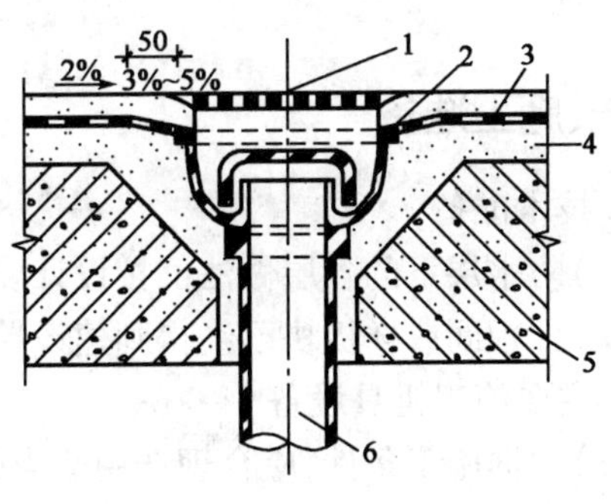

图 1-4 地漏防水构造(一)(尺寸单位:mm)

1-地漏篦子;2-(20mm×20mm)密封材料嵌缝;3-涂膜防水层;4-找坡找平层;5-结构层;6-地漏立管

地漏防水构造(二)如图 1-5 所示。大便器防水构造(一)如图 1-6 所示。

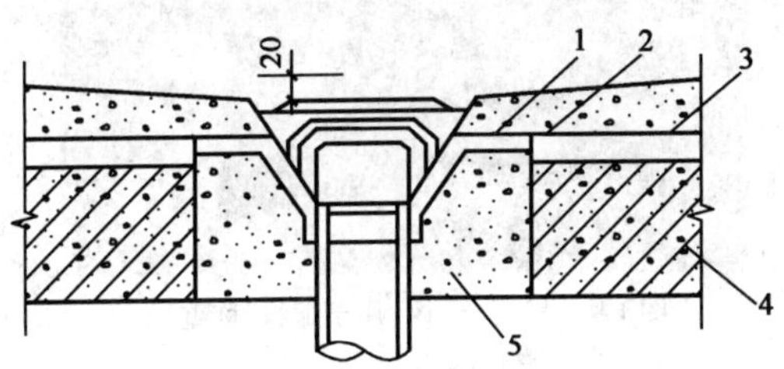

图 1-5 地漏防水构造(二)(尺寸单位:mm)

1-地漏防水托盘;2-(20mm×20mm)密封材料嵌缝;3-涂膜防水层;4-结构层;5-细石混凝土灌孔

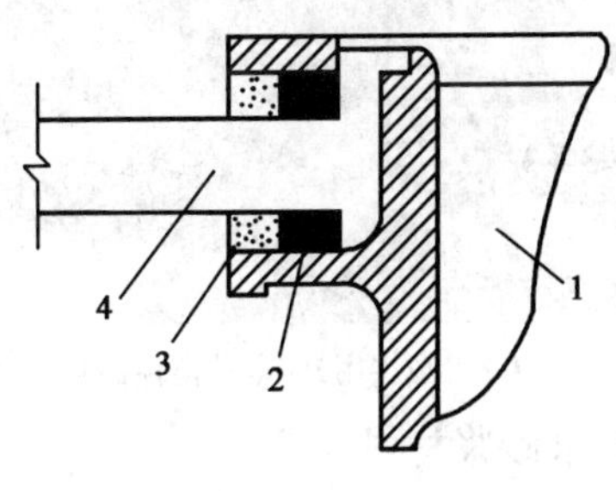

图 1-6 大便器防水构造(一)

1-大便器;2-沥青麻丝密封材料;3-(1:2)水泥砂浆;4-冲洗管

大便器防水构造(二)如图 1-7 所示。

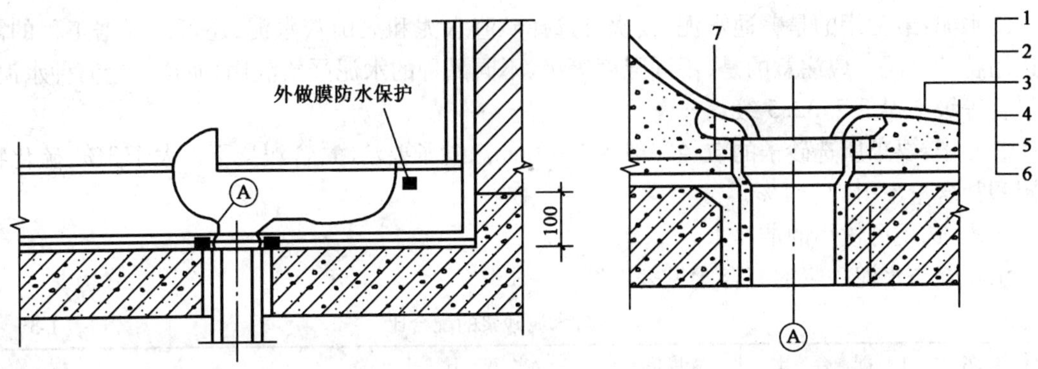

图 1-7 大便器防水构造(二)(尺寸单位:mm)

1-大便器底;2-(1:6)水泥炉渣垫层;3-(1:2.5)水泥砂浆保护层;4-涂膜防水层;5-(1:2.5)水泥砂浆找平层;6-钢筋混凝土楼板;7-(20mm×20mm)密封材料胶圈封严

子情境1　防水砂浆施工

一、施工准备

1. 技术准备

(1)防水层下的各层做法已按设计要求施工并验收合格。

(2)样板间或样板块已经得到建设单位、设计单位和监理单位的认可。

2. 主要施工机具设备

(1)根据施工条件,应合理选用适当的机具设备和辅助用具,以能达到设计要求为基本原则,兼顾进度、经济要求。

(2)常用机具设备有:搅拌用具(图1-8)、量具(图1-9)、油漆桶、刷子、橡胶手套等。

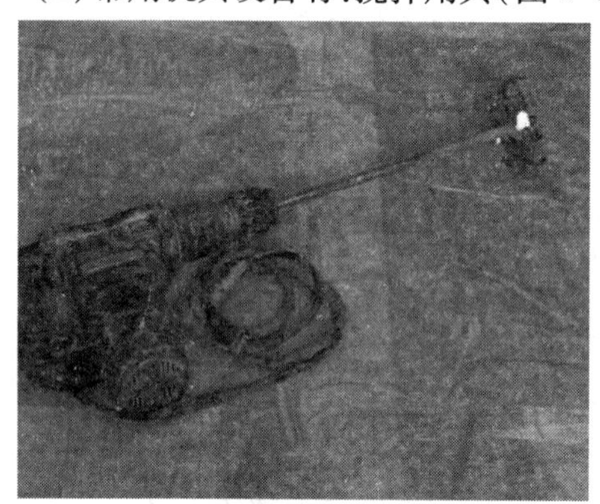

图1-8　搅拌用具(电动搅拌器)

图1-9　量具[台秤(用于配料、称重)]

3. 防水砂浆材料要求

(1)防水砂浆按所用材料的不同,分为普通防水砂浆、掺外加剂防水砂浆和聚合物防水砂浆三种。

普通防水砂浆是不同配合比的水泥浆、素灰和水泥浆交替抹压密实构成的防水层。这种材料一般不掺防水剂。

普通防水砂浆中各组成材料的要求如下。

①水泥:最常用的是普通水泥,其次可选择矿渣水泥和火山灰水泥,还可以根据工程的需要选用特种水泥。应注意的是,不同强度等级、不同品种的水泥严禁混用,而且无论何种水泥,其强度等级不得低于32.5级。

②砂子:要求所选砂子的粒径一般为1~3mm。砂子要洁净,含泥量不得大于3%,硫化物和硫酸盐含量不得大于1%。

③水:选用可饮用的洁净水。

水泥浆与水泥砂浆的配合比见表1-3。

水泥浆与水泥砂浆的配合比　　表1-3

材料名称	配合比	稠度(mm)	水灰比	配制方法
水泥浆(素灰)	水泥与水拌和	70	0.55~0.6	将水泥放于容器中,然后加水搅拌
水泥砂浆	水泥:砂=1:2.5	70~80	0.6~0.65	宜用机械搅拌,将水泥与砂子干拌至色泽一致时,再加水搅拌1~2min

(2)掺外加剂的防水砂浆有两种:一种为无机盐防水剂防水砂浆,它是在普通水泥砂浆中掺入各种无机防水剂拌制而成,包括氯化物金属盐类防水剂和金属皂类防水剂两类,这两种无机盐防水剂市场上已有成品销售;另一种为U形抗裂防水剂防水砂浆。

U形抗裂防水剂(UWA)是继U形混凝土膨胀剂(UEA)后专用于防水砂浆的外加剂。

U形抗裂防水剂的特点:早期强度高,具有较好的抗渗、抗裂和防水性能。

U形抗裂防水剂的应用:适用于潮湿和渗漏水工程的抹面和修补,还多用于防水混凝土的抹面。

U形抗裂防水剂的配合比:UWA防水剂均按水泥质量的10%与水泥砂浆拌和,其质量比为:水泥:砂子:水:UWA防水剂 =1:(2.0~2.5):(0.4~0.5):0.10。砂浆的稠度一般为70~80mm。

(3)聚合物防水砂浆是由水泥、砂子、水和一定量的橡胶乳液或树脂乳液以适量的助剂,经过搅拌混合配制成的防水砂浆。聚合物水泥砂浆的性能主要取决于聚合物本身的特性,以及在砂浆中的掺入量。聚合物水泥砂浆的质量应符合表1-4的要求。

水泥掺和用聚合物的质量要求 表1-4

试验种类	试验项目	规定值
分散体试验	外观	应无粗颗粒、异物和凝固物
	总固体成分	35%以上,误差在0±1.0以内
聚合物水泥砂浆试验	抗弯强度	≥4MPa
	抗压强度	≥10MPa
	黏结强度	≥1.0MPa
	吸水率	<15%
	透水量	<30%
	长度变化率	0~0.15%、<0.15%

聚合物水泥砂浆的参考配合比见表1-5。

聚合物水泥砂浆配合比 表1-5

用途	参考配合比(质量比)			涂层厚度(mm)
	水泥	砂子	聚合物	
防水材料	1	2~3	0.3~0.5	5~20
地板材料	1	3	0.3~0.5	10~15
防腐材料	1	2~3	0.4~0.6	10~15
黏结材料	1	0~3	0.2~0.5	
新旧混凝土或砂浆接缝材料	1	0~1	0.2以上	
修补裂缝材料	1	0~3	0.2以上	

聚合物防水砂浆的种类较多,目前在市场上应用较多的有丙烯酸酯共聚乳液防水砂浆、有机硅防水剂防水砂浆和阳离子氯丁胶乳液防水砂浆等。现以丙烯酸A共聚乳液防水砂浆为代表作简要介绍。

丙烯酸酯共聚乳液防水砂浆对材料的要求如下:

①水泥品种和强度等级:42.5级水泥,采用普通硅酸盐水泥或其他各种硅酸盐水泥,要求

其强度等级不低于42.5。

②砂子:采用细砂,严禁混入超过8mm的颗粒。

③水:能饮用的洁净水。

丙烯酸酯共聚乳液防水砂浆的配制方法:将混合乳液按需要的聚合比加入已干拌均匀的水泥砂内拌和,使砂浆的稠度达到18~20cm。

丙烯酸酯共聚乳液防水砂浆的配合比为:水泥:砂子:聚合物=1:(2~3):(0.3~0.5),当聚合物掺量为0.3~0.5时,如果丙烯酸固体含量为50%,则实际聚合物掺量为水泥用量的15%~25%。

丙烯酸酯共聚乳液防水砂浆的性能特点是:具有减水性能,减水后可改善砂浆的和易性。收缩变形小,具有较好的抗裂性能。可提高砂浆的黏结强度1倍以上,大大提高了砂浆的抗渗能力。

4.作业条件

(1)配合比已经试验确定。

(2)已对所覆盖的隐蔽工程进行验收且合格,并进行隐检会签。

(3)基层清理干净,浇捣前一天应洒水湿润。

(4)门框及预埋件已安装并验收。

(5)施工前,应做好水平标志,以控制铺设的高度和厚度,可采用竖尺、拉线、弹线等方法。

(6)对所有作业人员进行了技术安全交底,特殊工种必须持证上岗。

(7)作业时的环境,如天气、温度、湿度等状况应满足施工质量可达到标准的要求。

(8)如有泛水和坡度,垫层的泛水和坡度应符合设计要求。

二、施工操作工艺

1.施工工艺流程

基层处理→灰浆配制→墙角及管道根部处理→第一层刮涂→第二层涂刷→防水层养护→蓄水试验→面层或保护层施工→质量验收→第二次蓄水试验。

2.地面构造层次施工操作要点

(1)基层处理。基层必须平整、牢固,如有裂缝及蜂窝等缺陷,应先进行修补并达到设计要求;必须保持清洁。浮灰、污垢、油渍等应先清洗干净。

(2)灰浆配制。按100kg益胶泥干粉加水25~30kg进行配制,不加任何添加剂,用人工或机械搅拌均匀成糊状,不得有生粉团;放置5~10min后随拌随用,拌匀的益胶泥应在6h内用完,以免硬化结块;施工温度不得低于5℃。

(3)墙角及管道根部处理。墙角处的胶泥涂刷要特别注意均匀性,保证不出现漏底及堆积。管道根部要先用密封膏封一道,上面再做防水层。管道与地面周围密封好,胶泥要涂到管口内沿以保证防水的严密性。

(4)第一层刮涂。在清洁湿润的基层上稍用劲刮涂一道益胶泥灰浆,作为防水界面层,厚1~2mm。刮涂时应满铺、密实。

(5)第二层涂刷。第一层刮完后立即开始第二层的涂刷,第二层作为防水层,厚2~3mm,涂刷方向应与第一层涂刷方向垂直。涂刷应满涂。

(6)防水层养护。防水层终凝后应进行养护,通常在防水层缺水、表面发白时立即用花洒轻轻洒水,每天早晚数次。防水层裸露在外时,养护期不少于7d,若其面上要做保护层或各种饰面时，则养护期不少于3d。

(7)蓄水试验。防水层实干后，可进行第一次蓄水试验。蓄水24h无渗漏水为合格。

(8)饰面层施工。蓄水试验合格后，可按设计要求及时做保护层，或铺贴饰面层。

(9)第二次蓄水试验。防水层完工并经质量验收后，工程竣工交付使用前要进行第二次蓄水试验，以确保防水层的质量。

3. 防水节点构造施工操作要点

(1)立管施工操作要点如下：

①立管定位后，楼板四周缝隙应用1∶3水泥砂浆堵严；缝隙大于20mm时，宜用C20细石混凝土堵严。

②管根四周宜形成凹槽，其尺寸为20mm×20mm，将管根周围及凹槽内清理干净，务必做到干净、干燥。

③将密封材料挤压在凹槽内，并用腻子刀用力刮压严实，使之饱满、密实、无气孔。为使密封材料与管根口四周混凝土黏结牢固，在凹槽两侧与管根口周围，应先涂刷基层处理剂，凹槽底部应垫以牛皮纸或其他背衬材料。

④将管道外壁200mm高的范围内，清除灰浆和油垢杂质，涂刷基层处理剂，并按设计规定涂刮防水涂料。

另外，立管如为热水管、暖气管时，则需加设套管。此时可根据立管的实际尺寸加钢套管，套管高20~40mm，留管缝2~5mm。口上缝亦用建筑密封材料封严，套管高出地面约20mm。

(2)地漏施工操作要点如下：

①立管定位后，楼板四周缝隙应用1∶3水泥砂浆堵严；缝大于20mm时，宜用C20细石混凝土堵严。

②厕浴间垫层向地漏处找2%坡度，垫层厚度小于30mm时，用水泥混合砂浆做垫层；垫层厚度大于30mm时用水泥炉渣材料。

③地漏上口四周用20mm×20mm密封材料封严，上面做涂膜防水层。

④立管接缝用密封材料堵严。

由于混凝土凝固时有微量收缩，而铸铁地漏门大底小，外表面与混凝土接触处容易产生裂缝。为了防止地漏周围渗水，最好将地漏加以改进，在原地漏的基础上加铸铁防水托盘，以提高厕浴间防水的质量。

(3)大便器施工操作要点如下：

①大便器立管定位后，楼板四周缝隙用1∶3水泥砂浆堵严；缝大于20mm时，宜用C20细石混凝土堵严、抹平。

②立管接口处四周用密封材料交圈封严，尺寸为20mm×20mm，上面防水层做至管顶部。

③大便器尾部进水处与管接口处用沥青麻丝及水泥砂浆封严，外做涂膜防水保护层。

④混凝土防水台高出地面20mm。

(4)小便槽施工操作要点如下：

①楼地面防水做在面层下面，四周卷起至少250mm高。小便槽防水层与地面防水层交圈，立墙防水做到花管处以上100mm，两端展开500mm宽。

②小便槽地漏及地面地漏可采用前面地漏做法。

③防水层宜采用涂膜防水材料及做法。

④地面泛水坡度为1%~2%，小便槽泛水坡度为2%。

⑤混凝土防水台高出地面100mm。

三、施工质量验收标准

1. 质量验收主要内容

所有厕、浴、厨房间，应全部进行检查。

(1)主控项目。

①防水材料和胎体增强材料，必须符合设计要求。

检验方法：检查出厂合格证、质量检验报告和现场抽样复验报告。

②地漏、管道根部等细部防水做法应符合设计要求。

检验方法：观察检查和检查隐蔽工程验收记录。

③厕、浴间不得有渗漏、倒泛水或积水现象。

检验方法：蓄水和泼水检验。

(2)一般项目。

①水泥砂浆或细石混凝土找平层应平整、压光，不得有酥松、起砂、起皮现象。

检验方法：观察检查。

②防水层与基层应黏结牢固，表面平整，不得有皱折、鼓泡和翘边等缺陷。

检验方法：观察检查。

③涂膜防水层的平均厚度应符合设计要求。

2. 质量验收要点

(1)水应采用不含有害物质的洁净水。

(2)聚合物乳液的外观质量应无颗粒、异物和凝固物。

(3)防水砂浆铺抹前，基层的混凝土和砌筑砂浆强度应不低于设计值的80%。

(4)基层表面应坚实、平整、粗糙、洁净，并充分湿润，无积水。

(5)基层表面的孔洞、缝隙应用与防水层相同的砂浆填塞抹平。

(6)分层铺抹或喷涂，铺抹时应压实、抹平和表面压光。

(7)防水层各层应紧密贴合，每层宜连续施工，必须留施工缝时应采用阶梯坡形槎，但离开明阳角处不得小于200mm。

(8)防水层的阴阳角处应做成圆弧形。

(9)防水材料铺设后，必须蓄水检验。蓄水深度应为20～30mm，24h内无渗漏为合格，并做记录。

(10)厕、浴间防水砂浆隔离层施工质量检验应符合现行国家标准《屋面工程质量验收规范》(GB 50207—2002)的有关规定。

四、成品保护

(1)厕浴间面积小，工程多，立体交叉作业多，必须合理安排各种工程的施工顺序，严防防水层完工后再凿眼打洞。如果施工顺序安排不当，破坏了防水层，应及时加以修补。

(2)地漏、便桶、蹲坑及排水口等部位应保持畅通，不允许堵塞灰浆及其他建筑垃圾。

(3)施工时应注意对定位定高的标准杆、尺、线的保护，不得触动、移位。

(4)对所覆盖的隐蔽工程要有可靠保护措施，不得因浇筑砂浆造成漏水、堵塞、破坏或降低等级。

(5)地面压光24h后应覆盖洒水养护,保持湿润。当水泥砂浆面层强度≥5MPa时才允许上人,达到设计强度后才允许使用。

(6)砂浆面层完工后,在养护过程中应进行遮盖和拦挡,避免受侵害。

五、安全环保措施

1.安全生产措施

(1)电气装置应符合施工用电安全管理规范。

(2)机械设备应安全可靠。

(3)施工操作人员应穿防滑鞋,严禁酒后上班。

2.环保措施

(1)在运输、堆放、施工过程中应注意避免扬尘、遗撒、黏带等现象的发生,应采取遮盖、封闭、洒水、冲洗等必要措施。

(2)运输及施工所用的车辆、机械的废气、噪声等应符合环保要求。

六、质量记录

(1)材质合格证明文件、检测报告及水泥复试报告。

(2)配合比通知单。

(3)砂浆试块强度试验记录及砂浆质量评定报告。

(4)砂浆面层检验批及分项工程质量验收记录。

(5)防水材料必须有生产厂家合格证和现场复试试验记录。

(6)防水涂层检验批质量验收记录。

(7)分项工程质量验收记录。

(8)防水涂层隐检记录。

(9)蓄水试验检查记录。

(10)施工日志。

子情境2　防水涂料施工

一、施工准备

1.技术准备

与防水砂浆施工技术准备内容相同,本部分不再赘述。

2.主要施工机具设备

常用机具设备有:电动搅拌器、拌料桶、油漆桶、塑料刮板、铁皮小刮板、橡胶刮板、弹簧秤、油漆刷、滚动刷、小抹子、油工铲刀、笤帚、消防器材等。

3.材料要求

防水涂料是以沥青、合成高分子等为主体,在常温下呈无定形流态或半固态,涂布在构筑物表面,通过溶剂挥发或反应固化后能形成坚韧防水膜的材料的总称。按主要成膜物质的不同,可划分为沥青类、高聚物改性沥青类、合成高分子类、水泥类四种。按涂料的液态类型,可分为溶剂型、水乳型、反应型三种。按涂料组分的不同,可分为单组分和双组分两种。

(1)沥青类防水涂料。

这类涂料的主要成膜物质是沥青,包括溶剂型和水乳型两种。主要品种有冷底子油、沥青胶、水性沥青基防水涂料。

①冷底子油。

冷底子油是将建筑石油沥青(30 号、10 号或 60 号)中加入汽油、柴油或将煤沥青(软化点为 50～70℃)中加入苯,溶合而成的沥青溶液。一般不单独作为防水材料使用。冷底子油作为打底材料与沥青胶配合,可以增加沥青胶与基层的黏结力。常用配合比为:

a. 石油沥青∶汽油 =30∶70;

b. 石油沥青∶煤油或柴油 =40∶60。

一般现用现配,用密闭容器储存,以防溶液挥发。

②沥青胶。

沥青胶是为了提高沥青的耐热性、降低沥青层的低温脆性,在沥青材料中加入填料进行改性而制成的液体。粉状填料有石灰石粉、白云石粉、滑石粉、膨润土等,纤维状填料有木质纤维、石棉屑等。

沥青与填充料应混合均匀,不得有粉团、草根、树叶、砂土等杂质。施工方法有冷用和热用两种。热用比冷用的防水效果好;冷用施工方便,不会烫伤,但耗费溶剂,用于沥青或改性沥青类卷材的黏结、沥青防水涂层和沥青砂浆层的底层。

③水性沥青基防水涂料。

水性沥青基防水涂料是指乳化沥青基在其中加入各种改性材料的水乳型防水材料。属于低档防水涂料,主要用于 II、III 级防水等级的屋面防水及厕浴间、厨房防水。

(2)高聚物改性沥青类。

高聚物改性沥青防水涂料是以高聚物改性沥青为基料制成的水乳型或溶剂型防水涂料,有再生胶改性沥青防水涂料、水乳型氯丁橡胶沥青防水涂料、SBS 橡胶改性沥青防水涂料等。

①再生胶改性沥青防水涂料。

再生胶改性沥青防水涂料分为 JG—1 和 JG—2 两类冷胶料。

JG—1 型是溶剂再生胶改性沥青胶黏剂。以渣油(200 号或 60 号道路石油沥青)与废开司粉(废轮胎里层带线部分磨成的细粉)加热熬制,加入高标号的汽油而制成。

JG—2 型是水乳型的双组分防水冷胶料,属反应固化型。A 液为乳化橡胶,B 液为阴离子型乳化沥青,分别包装,现用现配,在常温下施工,维修简单,具有优良的防水、抗渗性能。温度稳定性好,但涂层薄,需多道施工(低于 5℃不能施工),加衬中碱玻璃丝或无纺布可做防水层。

②水乳型氯丁橡胶沥青防水涂料。

水乳型氯丁橡胶沥青防水涂料有溶剂型或水乳型两类,可用于 II、III、IV 级屋面防水。用溶剂型氯丁橡胶改性沥青防水涂料是将氯丁橡胶和石油沥青溶于芳烃溶剂(苯或二甲苯)中形成一种混合胶体溶剂。其具有较好的耐高、低温性能,黏结性好,干燥成膜速度快,按抗裂性及低温柔性可分为一等品和合格品。

③检验及应用。

高聚物改性沥青防水涂料适用于民用及工业建筑的屋面工程、厕浴间、厨房的防水、地下室、水池的防水、防潮工程以及旧油毡屋面的维修。在实际使用时,应检验涂料的固含量、延伸性、柔韧性、透水性、耐热性等技术指标,合格后才能用于工程。

(3)合成高分子类防水涂料。

合成高分子类防水涂料是以合成橡胶或合成树脂为主要成膜物质,加入其他辅料而配成的单组分或双组分防水涂料。主要有聚氨酯(单、双组分)、硅橡胶、水乳型、丙烯酸酯、聚氯乙烯、水乳型三元乙丙橡胶防水涂料等。

①聚氨酯防水涂料。

聚氨酯防水涂料又称聚氨酯涂膜防水材料,属双组分反应型,是甲、乙两组分之间发生化学反应而直接由液态变成固态。可分为焦油系列双组分聚氨酯涂膜防水涂料和非焦油系列双组分聚氨酯涂膜防水涂料两种。该涂膜有透明、彩色、黑色等品种,具有耐磨、装饰及阻燃等性能。

在实际工程中,应检验其涂膜表干时间、含固量、常温断裂延伸率及断裂强度、黏结强度和低温柔性等指标,合格后方可使用。主要用于防水等级为Ⅰ、Ⅱ、Ⅲ级的非外露层面、墙体及卫生间的防水防潮工程,地下围护结构的迎水面防水、地下室、储水池、人防工程等的防水。是一种常用的中高档防水涂料。

②丙烯酸酯防水涂料。

丙烯酸酯防水涂料是以纯丙烯酸共聚物、改性丙烯酸或纯丙烯酸乳液为主要成分,加入适量填料、助剂及颜料等配制而成,属合成树脂类单组分防水涂料。这类防水涂料的最大优点是具有优良的耐候性、耐热性和耐紫外线性,在 $-30 \sim -80$℃范围内性能基本无多大变化。延伸性好,能适应基层的开裂变形。装饰层具有装饰和隔热效果。

施工工程中的检酸项目与聚氨酯防水涂料相同,主要用于防水等级为Ⅰ、Ⅱ、Ⅲ级的屋面和墙体的防水防潮工程、黑色防水屋面的保护层、厕浴间的防水。

(4)聚合物水泥基防水涂料(JS 复合防水涂料)。

该产品有机液料(由聚丙烯酸酯、聚酯酸乙烯醋乳液及各种添加剂组成)和无机粉料(由高铝高铁水泥、石英粉及各种添加剂组成)复合而成的双组分防水涂料,具有有机材料弹性高又有无机材料耐久性好的优点,涂覆后形成高强的防水涂膜,并可根据工程需要配置彩色涂层。

这种涂料的产品为双级分型。可在潮湿或干燥的砖石、砂浆、混凝土、金属、木材、各种保温层、防水层上直接施工,涂层坚韧高强,耐水、耐候、耐久性强,无毒、无害,施工简单,在立面、斜面和顶面上施工时,不流淌,耐高温。适用于新旧建筑物及构筑物,是目前工程上应用较广的一种新型材料。

实际工程应用中应检验涂料的含固量、表干时间、实干时间、低温柔性、常温拉伸断裂延伸率及强度、不透水性和黏结性等指标。适用于工业及民用建筑的屋面工程,厕浴间、厨房的防水防潮工程,地面、地下室、游泳池、罐槽的防水工程。

(5)防水涂料的储运及保管。

防水涂料的包装容器必须密封严实,容器表面应有标明涂料名称、生产厂名、生产日期和产品有效期的明显标志;储运及保管的环境温度不得低于0℃;专门用于灭扑有机溶剂的消防措施;运输时,运输工具、车轮应有接地措施,防止静电起火。

(6)常用防水涂料的性能及用途。

常用防水涂料的性能和用途见表 1-6。

(7)防水密封材料。

建筑防水密封材料又称嵌缝材料,分为定形(密封条、压条)和不定型(密封膏或密封胶)两类。嵌入建筑接缝中,可以防尘、防水、隔气,具有良好的黏附性、耐老化和温度适应性,收缩面不破坏。常用建筑密封材料的性能与用途见表 1-7。

常用防水涂料的性能和用途 表1-6

材料类型	优　点	适用范围
乳化沥青防水涂料	成本低,施工方便,耐候性好,但延伸率低	适用于民用及工业建筑厂房的复杂屋面和青灰屋面防水,也可涂于屋顶钢筋板面和油毡面防水
橡胶改性沥青防水涂料	有一定的柔韧性和耐火性,常温下冷施工,安全可靠	适用于工业及民用建筑的保温屋面、地下室、洞体、冷库地面等防水
硅橡胶防水涂料	防水性好,成膜性、弹性、黏结性好,安全无毒	地下工程、储水油池、厕浴间、屋面的防水
PVC防水涂料	具有弹塑性,能适应基层的一般开裂或变形	可用于屋面及地下工程、蓄水池、水沟、天沟的防腐和防水
三元乙丙橡胶防水涂料	具有高强度、高弹性、高延长率,施工方便	可用于宾馆、办公楼、厂房、仓库、宿舍的建筑屋面和地面防水
氯磺化聚乙烯防水涂料	涂层附着力高,耐腐蚀、耐老化	可用于地下工程、海洋工程、石油化工、建筑屋面和地面防水
氯丙烯酸防水涂料	黏结性强、防水性好、伸长率高,耐老化,能适应基层的开裂变形,冷施工	广泛用于中高级建筑工程的各种防水工程,平面、立面均可施工
聚氨酯防水涂料	强度高,耐老化性能优异,伸长率大,黏结性强	用于建筑屋面的隔热防水工程,地下室、厕浴间的防水,也可用于彩色装饰性防水
粉状黏性防水涂料	属于刚性防水,涂层寿命长,经久耐用,不存在老化问题	适用于建筑屋面、厨房、厕浴间、坑道、隧道地下工程的防水

常用建筑密封材料的性能与用途 表1-7

品　种	特　点	用　途
有机硅酮密封膏	具有对硅酸盐制品、金属、塑料良好的黏结性、耐水、耐热、耐低温、耐老化	适用于窗玻璃、幕镜、大型玻璃幕墙、储槽、水族箱、卫生陶瓷等接缝密封
聚硫密封膏	对金属、混凝土、玻璃、木材具有良好的黏结性,具有耐水、耐油、耐老化、化学稳定等性能	适用于中空玻璃、混凝土、金属结构的接缝密封,也适用于有耐油、耐试剂要求的车间、试验室的地板、墙板密封和一般建筑、土木工程的各种接缝密封
聚氨酯密封膏	对混凝土、金属、玻璃有良好的黏结性,并具有弹性、延伸性、耐疲劳性、耐候性等性能	适用于建筑屋面、墙板、地板、窗框、卫生间的接缝密封,也适用于混凝土结构的伸缩缝、沉降缝和高速公路、机场跑道、桥梁等防水工程的嵌缝密封
丙烯酸酯密封膏	具有良好的黏结性、耐候性、一定的弹性,可在潮湿基层上施工	适用于室内墙面、地板、门窗板、卫生间的接缝、室外小位移量的建筑密封
氯丁橡胶密封膏	具有良好的黏结性、延伸性、耐候性、弹性	适用于室内墙面、地板、门窗框、卫生间的接缝、室外小位移的建筑密封
聚氯乙烯接缝材料	具有良好的弹塑性、延伸性、黏结性、防水性、耐腐蚀性、耐热性、耐寒性、耐候性	适用于各种坡度的建筑屋面和有耐腐蚀性的屋面的接缝防水,水利设施及地下管道的接缝防渗
改性沥青	具有良好的塑接性、柔韧性、耐湿性,可冷施工	适用于屋面板、墙板等装配式建筑构件间的接缝嵌填,以及小位移的各种建筑接缝的防水密封

4.作业条件

(1)穿过厨房、卫生间楼板的所有立管、套管均已做完并经验收,管周围缝隙用1:2:4的细石混凝土填塞密实(楼板底需支模板)。

(2)厨房、卫生间地面垫层已做完，向地漏处找2%的坡。

(3)厨房、卫生间地面找平层已做完，表面应抹平压光、坚实平整，不起砂，含水率低于90%。

(4)找平层的泛水坡度应在2%以上，不得局部积水，与墙交接处及转角均要抹成小圆角。凡是靠墙的管根处均抹出5%的坡度，避免此处存水。

(5)在基层做防水涂料之前，穿过楼板的立管四周、套管与立管交接处、大便器与立管接口处、地漏上口四周等部位，用建筑密封膏封严。

(6)厨房、卫生间做防水之前，必须设置足够的照明及通风设备。

(7)易燃、有毒的防水材料，要备有防火设施和工作服、软底鞋。

(8)操作温度保持在+5℃以上。

(9)操作人员应经过专业培训、持上岗证。先做样板间，经检查验收合格后，方可全面施工。

二、施工操作工艺

1. 施工工艺流程(以常用的三种防水涂料为例)

(1)聚氨酯防水涂料施工工艺流程见图1-10。

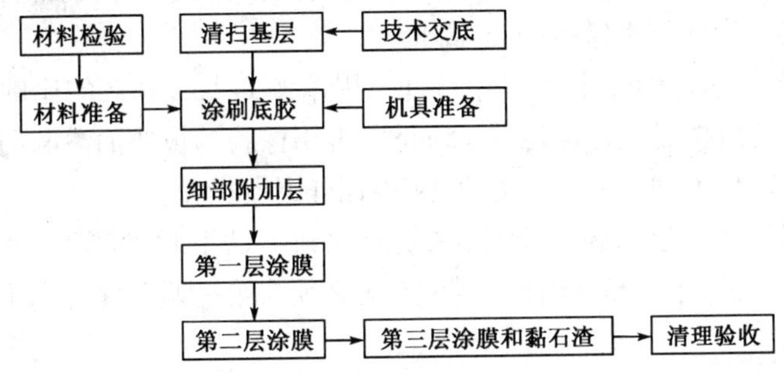

图1-10 聚氨酯防水涂料施工工艺流程

(2)氯丁胶乳沥青防水涂料施工工艺流程见图1-11。

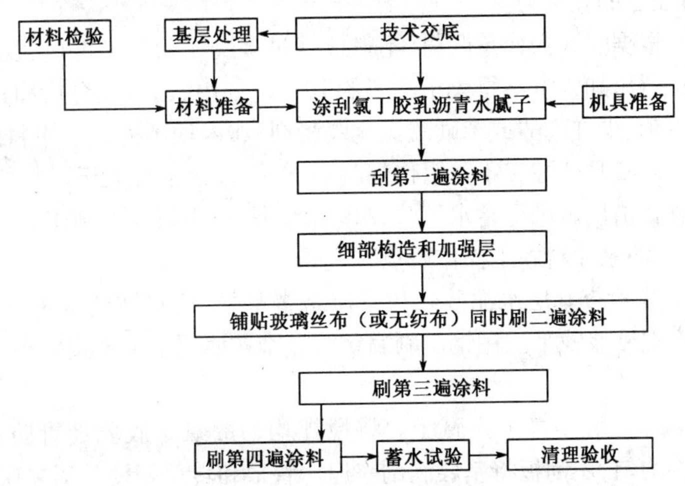

图1-11 氯丁胶乳沥青防水涂料施工工艺流程

(3)SBS橡胶改性沥青防水涂料施工工艺流程见图1-12。

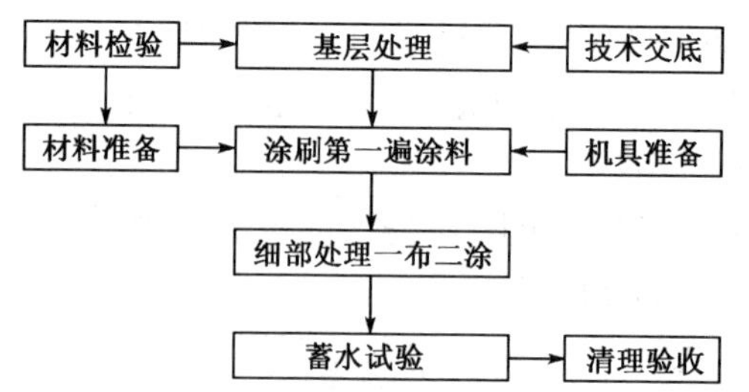

图 1-12　SBS 橡胶改性沥青防水涂料施工工艺流程

2. 聚氨酯防水涂料施工操作要点

(1)清扫基层。用铲刀将黏在找平层上的灰皮除掉,用扫帚将尘土清扫干净,尤其是管根、地漏和排水口等部位要仔细清理。如有油污时,应用钢丝刷和砂纸刷掉。表面必须平整,凹陷处要用 1∶3 水泥砂浆找平。

(2)涂刷底胶。将聚氨酯甲、乙两组分和二甲苯按 1∶1.5∶2 的比例(质量比)配合搅拌均匀,即可使用。用滚动刷或油漆刷蘸底胶均匀地涂刷在基层表面,不得过薄也不得过厚,涂刷量以 0.2kg/m^2 左右为宜。涂刷后应干燥 4h 以上,才能进行下一工序的操作。

(3)细部附加层。将聚氨酯涂膜防水材料按甲组分∶乙组分 = 1∶1.5 的比例混合搅拌均匀,用油漆刷蘸涂料在地漏、管道根、阴阳角和出水口等容易漏水的薄弱部位均匀涂刷,不得漏刷(地面与墙面交接处涂膜防水做 100mm 高)。

(4)第一层涂膜。将聚氨酯甲、乙两组分和二甲苯按 1∶1.5∶0.2 的比例(质量比)配合后,倒入拌料桶中,用电动搅拌器搅拌均匀(约 5min),再用橡胶刮板或油漆刷刮涂一层涂料,厚度要均匀一致,刮涂量以 0.8 ~ 1.0kg/m^2 为宜,从内往外退着操作。

(5)第二层涂膜。第一层涂膜完成后,涂膜固化到不黏手时,按第一遍材料配比方法,进行第二遍涂膜操作。为使涂膜厚度均匀,刮涂方向必须与第一遍刮涂方向垂直,刮涂量与第一遍同。

(6)第三层涂膜。第二层涂膜固化后,仍按前两遍的材料配比搅拌好涂膜材料,进行第三遍刮涂。刮涂量以 0.4 ~ 0.5kg/m^2 为宜,涂完后未固化时,可在涂膜表面稀撒干净的石渣,以增加与水泥砂浆覆盖层的黏结力。

在操作过程中,根据当天操作量配料,不得搅拌过多。如涂料黏度过大不便涂刮时,可加入少量二甲苯进行稀释,加入量不得大于乙料的 10%。如甲、乙料混合后固化过快,影响施工时,可加入少量二甲苯、少许磷酸或苯磺酰氯化缓凝剂,加入量不得大于甲料的 0.5%;如涂膜固化太慢,可加入少许二月桂酸二丁基锡作促凝剂,但加入量不得大于甲料的 0.3%。涂膜防水做完,经检查验收合格后可进行蓄水试验,24h 无渗漏,可进行面层施工。

3. 氯丁胶乳沥青防水涂料施工操作要点

(1)基层处理。先检查基层水泥砂浆找平层是否平整,泛水坡度是否符合设计要求。面层有坑凹处时,用水泥砂浆找平。用钢丝刷扁铲将黏结在面层上的浆皮铲掉,最后用扫帚将尘土扫干净。

(2)基层满刮氯丁胶乳沥青水泥腻子。将搅拌均匀的氯丁胶乳沥青防水涂料倒入小桶中,掺少许水泥搅拌均匀,用刮板将基层满刮一遍。管根和转角处要厚刮并抹平整。

(3)第一遍防水涂料。根据每天使用量,将氯丁胶乳沥青防水涂料倒入小桶中,下班时将余料倒回大桶内保存,防止干燥结膜影响使用,待氯丁胶乳水泥腻子干燥后,开始涂刷第一遍涂料，用油漆刷或滚动刷蘸涂料满刷一遍。涂刷要均匀，表面不得有流淌堆积现象。

(4)细部构造和加强层。阴角、阳角先做一道加强层，即将玻璃丝布(或无纺布)铺贴在阴阳角部位，同时用油漆刷刷氯丁胶乳沥青防水涂料。要贴实刷平，不得有褶皱。

管子根部也是先做加强层。可将玻璃丝布(或无纺布)剪成锯齿形，铺贴在套管表面，上端卷入套管中，下端贴实在管根部平面上，同时刷氯丁胶乳沥青防水涂料，贴实刷平。

地漏、蹲坑等与地面相交的部位也先做两层加强层。

如果墙面无防水要求时，地面的防水涂层往墙面四周卷起100mm高，也做加强层。

(5)铺玻璃丝布(或无纺布)，同时刷第二遍涂料。细部构造层做完后，可进行大面积涂布操作，将玻璃丝布(或无纺布)卷成圆筒，用油漆刷蘸涂料，边刷边滚动玻璃丝布(或无纺布)卷，边滚边铺贴，并随即用毛刷将玻璃丝布(或无纺布)碾压平整，排除气泡，同时用刷子蘸涂料在已铺好的玻璃丝布(或无纺布)上均匀涂刷，使玻璃丝布(或无纺布)牢固地黏结在基层上，不得有漏涂和皱折。一般平面施工从低处向高处做，按顺水接槎从里往门口做，先做水平面后做垂直面，玻璃丝布(或无纺布)搭接不小于10cm。

(6)第三遍防水涂料。待第二层涂料干燥后，用油漆刷或滚动刷满刷第三遍防水涂料。

(7)第四遍防水涂料。第三遍涂料干燥后，再满刷最后一遍涂料，表面撒一层粗砂，干透后做蓄水试验。

(8)蓄水试验。防水层涂刷验收合格后，将地漏堵塞，蓄水2cm高，时间不小于24h，若无渗漏，为合格，可进行面层施工。

4. SBS橡胶改性沥青防水涂料施工操作要点

(1)基层处理。同氯丁胶乳沥青涂料做法。

(2)涂第一遍涂料。用油漆刷蘸SBS橡胶改性沥青防水涂料，满涂刷一遍，要先上后下，先高后低，涂刷均匀，不得有漏刷之处。

(3)细部处理。立管根部、地漏、蹲坑等部位与地面交接处，均要细致地涂刷SBS防水涂料，不得漏刷。

(4)一布二涂。先将玻璃丝布卷成筒，用油漆刷蘸SBS橡胶改性沥青防水涂料，边刷、边滚动、边粘贴，随时用油漆刷将布碾压平整，排除气泡，玻璃丝布(或无纺布)搭接长度不小于5cm(如果需铺二层布时，要将上下搭接缝错开)，紧跟着用油漆刷在已铺好的玻璃丝布(或无纺布)上再涂刷一遍涂料，直到玻璃丝布网眼布满涂料。刷涂料后不得留有皱褶、气泡、翘边，铺贴要平整。

(5)蓄水试验。防水涂料按设计要求的涂层涂完后，经验收合格，进行蓄水试验，临时将地漏堵塞，门口处抹挡水坎，蓄水2cm高，观察24h无渗漏，为合格，可进行面层施工。

三、施工质量验收标准

1. 质量验收主要内容

(1)主控项目。

①材料应符合设计要求。

②涂膜防水层与预埋管件、表面坡度等细部做法，应符合设计要求和施工质量验收规范的规定，不得有渗漏现象(蓄水24h观察无渗漏)。

③找平层含水率低于9%，并经检查合格后，方可进行防水层施工。

④检验方法：同《建筑地面工程施工质量验收规范》(GB 50209—2010)。

(2)一般项目。

①涂膜层涂刷均匀,厚度满足设计要求,不露底。保护层和防水层黏结牢固,紧密结合,不得有损伤。

②底胶和涂料附加层的涂刷方法、搭接收头,应符合施工规范要求,黏结牢固紧密,接缝封严,无空鼓。

③涂膜层不起泡、不流淌、平整无凹凸,颜色亮度一致,与管件、洁具、地脚螺钉、地漏、排水口等接缝严密,收头圆滑。

④防水层表面的允许偏差及检验方法应符合表1-8的规定[参见《建筑地面工程施工质量验收规范》(GB 50209—2010)中相关表的规定]。

防水层表面的允许偏差和检验方法(mm)　　表1-8

项　次	项　目	允许偏差	检验方法
1	表面平整度	3	用2m靠尺和塞尺检查
2	标高	-4,+4	用水准仪检查
3	坡度	不大于房间相应尺寸的2/1000,且不大于30	用坡度尺检查
4	厚度	在个别地方不大于设计厚度的1/10	用钢尺检查

2.质量验收要点

(1)厕、浴间涂膜防水隔离层的材料,其材质应经有资质的检测单位认定。

(2)在水泥类找平层上铺设沥青类防水卷材、防水涂料或以水泥类材料作为防水隔离层时,其表面应坚固、洁净、干燥。铺设前,应涂刷基层处理剂。基层处理剂应采用与卷材性能配套的材料或采用同类涂料的底子油。

(3)当采用掺有防水剂的水泥类找平层作为防水隔离层时,其掺量和强度等级(或配合比)应符合设计要求。

(4)铺设防水隔离层时,在管道穿过楼板面四周时,防水材料应向上铺涂,并超过套管的上口;在靠近墙面处,应高出面层200~300mm或按设计要求的高度铺涂。阴阳角和管道穿过楼板面的根部,应增加铺涂附加防水隔离层。

(5)防水材料铺设后,必须蓄水检验。蓄水深度应为20~30mm,24h内无渗漏为合格,并做记录。

(6)厕、浴间涂膜防水隔离层施工质量检验应符合现行国家标准《屋面工程质量验收规范》(GB 50207—2002)的有关规定。

四、成品保护

(1)涂膜防水层操作过程中,不得污染已做好饰面的墙面、卫生洁具、门窗等。

(2)涂膜防水层做完之后,要严格加以保护,在保护层未做之前,任何人不得进入,也不得在卫生间内堆放杂物,以免损坏防水层。

(3)地漏或排水口内防止杂物塞满,确保排水畅通。蓄水合格后,不要忘记将地漏内废渣清理干净。

(4)面层进行施工操作时,对突出地面的管根、地漏、排水口、卫生洁具等与地面交接处的涂膜不得碰坏。

五、安全环保措施

1. 安全生产措施

(1)施工时,必须采取措施防止坠落、烫伤、中毒及火灾等事故的发生;施工前,施工员应做好安全技术交底工作。

(2)防水工应持有岗位资格证,并经现场进行安全教育后方可上岗。

(3)施工操作人员应穿专用鞋,铺贴时严禁吸烟用火,做好消防应急措施。患有皮肤病、支气管炎、结核病、眼结膜病以及对沥青严重过敏的人员,不得从事沥青作业。

(4)沥青作业每班应适当增加中间休息或减少工作时间。

(5)装卸、搬运、熬制沥青,必须使用规定的防护用品,皮肤不得外露,不得直接接触沥青。

2. 环保措施

(1)施工所用的机械其噪声等应符合环保要求。

(2)防水涂料使用后,应及时封闭存放,废料和包装物应及时清出室内。

(3)操作人员应戴好防护罩和防护手套。

六、质量记录

工程验收时应具备的质量文件和记录有:

(1)防水设计图纸及其他设计文件。

(2)施工方案。

(3)技术交底记录。

(4)防水材料必须有生产厂家合格证和现场复试试验记录。

(5)防水涂层检验批质量验收记录。

(6)分项工程质量验收记录。

(7)防水涂层隐检记录。

(8)蓄水试验检查记录。

(9)施工日志。

子情境3　卫生间复合防水施工

实训任务:卫生间防水施工方案的编制训练

一、编制依据

(1)施工图。

(2)《建筑地面工程施工质量验收规范》(GB 50209—2010)。

(3)《建筑工程施工质量验收统一标准》(GB 50300—2001)。

(4)国家现行有关规范、规程。

二、编制内容

1. 卫生间复合防水工程概况

某工程卫生间防水等级为二级,防水为两道。第一道为高分子砂浆抗渗堵漏材料刚性防水层，第二道为单组分聚氨酯防水涂料柔性防水层刚柔复合防水层做法。

2. 施工前准备工作

（1）施工技术准备。

项目技术负责人对施工技术人员和施工作业班组进行技术交底。

施工技术人员和施工作业班组认真熟悉施工图纸，学习卫生间复合防水相关规范与标准。

（2）施工准备。

①施工工具。主要机具如下：电动搅拌器、配料用橡胶刮板、涂刮防水层用油漆刷、细部构造涂刷涂料用小铲刀、清理基层用配料桶、水桶、台秤等。

②施工材料。高分子益胶泥、聚氨酯防水涂料（单组分）。

③施工工艺。

清理基层→做细部附加层→做刚性防水层→柔性防水层→撒砂→第一次试水→保护层、面层施工→第二次试水→工程质量验收。

④施工方法及技术要求。

a. 清理基层：防水层施工前水泥砂浆基层（找平层）表面必须认真扫干净。

附加层施工：将地漏、管根、阴阳角等部位清理干净，用无机抗渗堵漏材料嵌填、压实、刮平，阴阳角用抗渗堵漏材料刮涂两遍。

b. 刚性防水层：以抗渗堵漏材料与水按产品使用说明比例配制，搅拌成均匀无团块的浆料，用橡胶刮板均匀刮涂在基层表面，要求往返顺序刮涂，不得留有气孔和砂眼。用料为 $1.2 \sim 1.5 kg/m^2$。每遍刮涂完毕后，用手轻压无印痕时，开始洒水养护，切忌干燥失水，使涂层粉化。

c. 柔性防水层：待刚性防水层养护表干后，管根、地漏、阴阳角等节点处用单组分聚氨酯涂刮一遍，做法同附加层施工。

大面积刮涂单组分聚氨酯防水涂料，每遍用料 $0.6kg/m^2$，涂刮 2 ~ 3 遍，用料共 $1.8 \sim 2kg/m^2$，均匀涂刮。

最后一遍防水涂料施工完尚未固化前，可均匀撒布粗砂，以增加防水层与保护层之间的黏结力。

两次蓄水试验及保护层、饰面层做法。

⑤成品保护。

a. 防水层施工完成后，注意保护。

b. 防水层施工完成后，经项目部、监理验收合格后，立即进行后续保护层施工。

c. 严禁工具或坚硬物损坏防水层，禁止在防水层上拌制砂浆。

⑥质量目标。

a. 防水砂浆与防水涂料施工一次合格。

b. 使用材料符合设计要求及规范规定。

⑦冬季施工保证措施。

a. 要求所用防水材料的施工温度在5℃以上进行。

b. 如低于5℃，需在防水砂浆与防水涂料施工中加入抗冻剂。

⑧工程质量保证措施。

a. 严格按照施工方案及规范施工。

b. 对进入工地的材料，严格实行抽样检测，严禁不合格产品进入工地。

c. 精心组织施工,每一道工序严格把关,验收合格后方可进行下一道工序施工。

d. 对施工队伍认真进行施工技术交底和安全交底,保证文明、安全施工。

e. 施工人员持证上岗。

f. 坚持施工自检、互检、交接检查的制度,精心管理。

⑨安全保证措施。

a. 对施工操作人员进行安全教育,使施工人员对所使用的材料性能及安全措施有全面的了解,并在操作中严格执行劳动保护制度。

b. 进入施工现场的人员应戴好安全帽,禁止酒后作业。

c. 对于防水施工,每天下班前,清理杂物,确保工完场清。

⑩文明施工措施。

a. 按规定施工,按标准施工,施工现场整洁有序。

b. 将各项措施切实落实到位,提高文明施工意识。

学习情境二

地下防水施工

一、 地下防水工程设计原则

地下工程防水的设计应遵循“防、排、截、堵相结合，刚柔相济，因地制宜，综合治理”的原则。

现代建筑结构向大跨度、大开间方向发展，建筑形式也向多样化发展，建筑物的功能更加综合化。地下工程也随着建筑的发展向更大型、更深发展，对防水技术的要求也更高，只靠单一技术很难满足地下工程防水的要求，必须通过建筑、结构、施工等各学科的配合来达到防水功能的要求。防水技术已发展成为通过“防、排、截、堵”等多种手段相结合，刚性材料和柔性材料共同使用、性能互相弥补，材料、设计、施工综合应用的多学科应用技术，只有这样，才能保证建筑物和构筑物不受水的侵蚀，使内部空间不受水的危害。我国幅员广阔，气候变化幅度大，地质条件差异也很大，设计上要根据当地的具体情况合理设防、重点设防，使防水设防有效、经济。随着地铁、城市隧道、大型地下结构等的发展，地下工程结构向大型化、复杂化、多样化发展，在防水设计方面更应注重整体设防的观念，单从节点、局部考虑，远远不能解决地下工程防水问题，还应从建筑结构特点、施工工艺和方法等方面来选择防水材料和配套技术，同时加强管理才能使各种方案落实。

建筑的发展已促使防水技术发展为系统性科学，只有综合地采用多种方法，根据具体情况整体地设计，才能真正满足地下工程防水的要求。

二、常用地下防水设计方案

目前，地下工程的防水方案主要有以下几种：

(1)采用防水混凝土结构，以调整混凝土配合比或掺外加剂等方法，来提高混凝土本身的密实度和抗渗性，使其成为具有一定防水能力(能满足抗渗等级要求)的整体式混凝土或钢筋混凝土结构，同时还能具备承重的结构功能。

(2)在地下结构表面附加防水层，如抹水泥砂浆防水层或贴卷材防水层等。

(3)采用防水加排水措施，即“防排结合”方案。排水方案通常可用盲沟排水、渗排水与内排水等方法把地下水排走，以达到防水的目的。地下防水工程应用技术正由单一防水向多道设防、刚柔并举方向发展；刚性防水材料从普通防水混凝土向高性能、外加剂纤维抗裂以及聚合物水泥混凝土方向发展；柔性防水材料从普通纸胎沥青油毡向聚酯胎、玻纤胎高聚物改性沥青以及合成高分子片材方向发展；防水涂料和密封防水材料也从沥青基向高聚物改性沥青、高分子以及聚合物无机涂料方向发展。

三、地下工程防水等级、标准和适用范围

防水等级是根据地下工程的重要性和使用中对防水的要求，所确定结构允许渗漏水量的

等级标准。我国规范根据国内工程调查资料，参考国外有关规定数值，结合地下工程不同要求和我国地下工程实际，按不同渗漏水量的指标将地下工程防水划分出不同的等级。防水等级共分为四级，是通过整个工程的漏水量值和工程任一局部的漏水量值来规定的。

地下工程防水等级标准和不同防水等级的适用范围分别见表2-1和表2-2。

地下工程防水等级标准 表2-1

防水等级	标准
一级	不允许渗水，结构表面无湿渍
二级	不允许漏水，结构表面可有少量湿渍。 工业与民用建筑：其湿渍总面积不大于总防水面积的1%，单个湿渍面积不大于$0.1m^2$，任意$100m^2$防水面积不超过1处。 其他地下工程：其湿渍总面积不大于总防水面积的6%，单个湿渍面积不大于$0.2m^2$，防水面积不超过4处
三级	有少量漏水点，不得有线流和漏泥砂。 单个湿渍的最大面积不大于$0.3m^2$，单个漏水点的最大漏水量不大于2.5L/d，任意$100m^2$防水面积上的漏水点数不超过7处
四级	有漏水点，不得有线流和漏泥砂。 整个工程平均漏水量不大于$2L/(m^2 \cdot d)$，任意$100m^2$防水面积的平均漏水量不大于$4L/(m^2 \cdot d)$

不同防水等级的适用范围 表2-2

防水等级	适用范围
一级	人员长期停留的场所；因有少量湿渍会使物品变质、失效的储物场所及严重影响设备正常运转和危及工程安全运营的部位；极重要的战备工程
二级	人员经常活动的场所；在有少量湿渍的情况下不会使物品变质、失效的储物场所及基本不影响设备正常运转和工程安全运营的部位；重要的战备工程
三级	人员临时活动的场所；一般战备工程
四级	对渗漏水无严格要求的工程

四、地下室构造基本知识

建筑物首层以下的地下使用空间称为地下室。地下室一般由墙身、底板、顶板、门窗、楼梯、采光井等部分组成。

墙体：地下室的墙体不但要承担上部结构所有的荷载，而且要抵抗土体侧压力。所以，地下室墙体应具有足够的强度和稳定性。当地下水的常年水位和最高水位均在地下室地坪标高以下时，墙体应该具有良好的防水和防潮功能。一般情况下，地下室墙体采用砖墙、混凝土墙和钢筋混凝土墙。

顶板：一般采用钢筋混凝土板，通常与普通楼板相同。

底板：地下室的底板应具有良好的整体性和较大的刚度，同时具有抗渗和防水能力。地下室底板多采用钢筋混凝土，还要根据地下水位情况做防水和防潮处理。

门窗和采光井：普通地下室的门窗和其他房间的门窗相同。为了改善地下室的室内环境，增加开窗面积，在城市规划部门的许可下，可以在窗外设置采光井。采光井一般构造如图2-1所示。

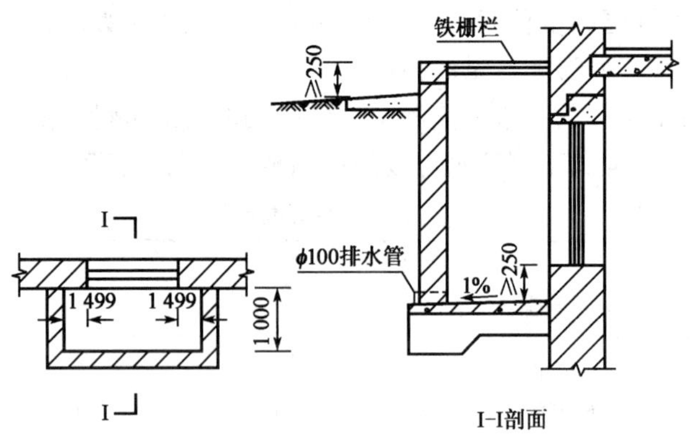

图 2-1　地下室采光井构造（尺寸单位：mm）

当地下水的常年水位和最高水位均高于地下室底板顶面时，地下室底板和部分墙体就会受到地下水的侵袭。地下室墙体会受到地下水侧压力的作用，地下室底板则会受到地下水浮力的影响，此时需要做防水处理。一般情况下，地下室的防水方案有附加防水层方案（使用卷材、涂料、砂浆等作为防水措施），结构自防水方案（使用抗渗混凝土结构，补偿收缩混凝土结构等，既作为承重结构又具有防水功能），渗排水方案（即在附加防水层或结构自防水的同时，还要设置渗水和排水措施，一般用于防水要求较高的地下室）。地下室防水的一般构造如图 2-2 所示。

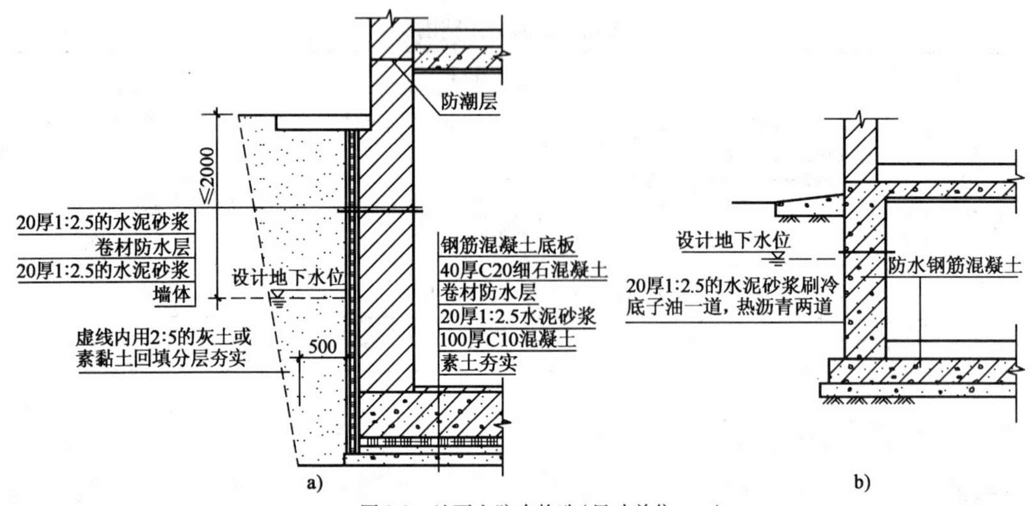

图 2-2　地下室防水构造（尺寸单位：mm）

a）卷材外防水构造；b）混凝土结构自防水构造地下室采光井构造

五、地下防排水方法

1. 地下防排水种类

在地下工程防水施工时，必须通过降排水措施将施工范围内的地下水位降低到防水层底部标高以下至少 300mm，保证地下水和雨水不淹没基坑和防水层，柔性或刚性防水层完工后，主体未完工以前，仍继续降水。

降排水的方法有垂直式和水平式两类。垂直式主要是井点降水，用于施工临时降水。水平式主要有排水层外排水法、盲沟外排水法和内排水法三种，是设计应考虑的地下工程永久性降水措施。水平式管道排水的降水深度可以达到 10m。

2. 降排水措施

(1)井点降水。

井点降水就是沿基坑四周或一侧，埋入深于坑底的井点滤管或管井，与总管连接后抽水，使地下水低于基坑底面。这样可以保证地下工程在无水的干燥状态下施工，防止流砂现象的发生，增加边坡稳定性，且施工方法简便。

(2)地面排水。

如果地下水位不高，地面有排放水设施时，应将地面水截住或排走，达到基坑内不能有积水，严禁带水或带泥进行防水施工。

地面排水一定要在防水工程施工前进行，将地面水有组织地排走，避免流入基坑内，给防水施工造成困难。

如果工程附近有河流、水沟、水塘等，应根据水文、地质情况，编制合理的排水方案，避免产生流砂现象。

(3)基坑排水。

地下水位不高、水流不大而土质较好的工程，可采用基坑排水法降低地下水位。这种方法是在基坑周围开挖排水沟及集水井，用水泵将水排走。要求排水沟和集水井的位置设在防水工程底平面以下，距基坑底边不小于500mm，如图2-3所示。并根据土质情况选择适当距离，且不得破坏基坑及周围的土质构造。集水井内侧边与防水工程底边的最短距离见表2-3。

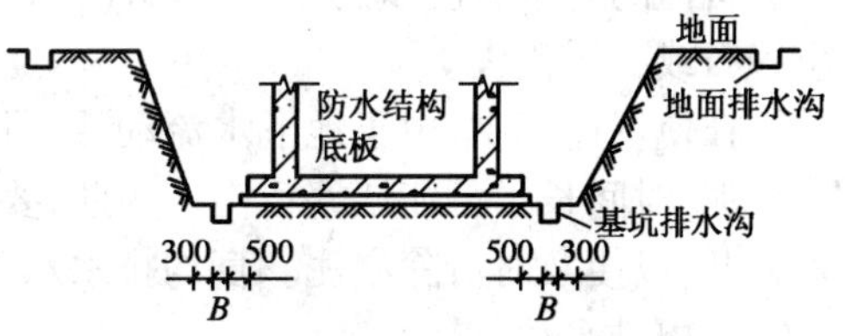

图2-3 基坑排水示意图(尺寸单位:mm)

集水井内侧边与基坑底边最短距离 表2-3

土质类别	最短距离(m)	土质类别	最短距离(m)
黏土	1	粗砂、中砂、细砂	4
粉质黏土、砂质粉土	2	粉砂	6

3. 渗排水层外排水法

渗排水法是通过在地下工程的底部和周围铺设一层砾石或卵石作为渗排水层，在渗排水层内设置渗水管，将水自流排出或经水泵排出。这种方法降水能力强，与防水层相结合，可使地下工程取得满意的防水、防潮效果。渗排水法的构造如图2-4所示。

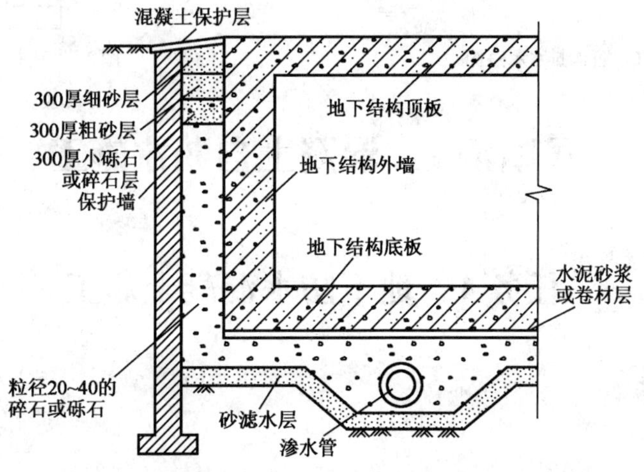

图2-4 渗排水层构造示意图(尺寸单位:mm)

渗水管设置要求:渗水管管径为150～250mm,采用铸铁管或钢筋混凝土管。渗水管之间留10～15mm的间隙,使水向渗水管内汇集后再排走。渗水管的外层为粒径20～40mm的砾石或碎石滤水层,其厚度不小于400mm,超过400mm时要振动或夯实。卵石滤水层以下是粒径5～15mm的粗砂滤水层,厚度为100～250mm。全部渗水管道的坡度不小于1%,严禁水倒流现象。渗排水层与混凝土底板之间抹一层15～20mm厚的水泥砂浆作隔浆层,以防止地面泥土杂物侵入而影响渗排水效果。

4. 盲沟外排水法

如果地基是弱透水性土层,地下水量不大,排水面积小,常年地下水位低于地下工程底板,或只是雨季丰水期在短期内稍高于地下工程底板时,可采用此法。盲沟排水法就是在地下构筑物的周围设置盲沟,使地下水沿盲沟向低处排走,或在最低处设集水井,用水泵抽走。盲沟的石子渗水层宽度应大于300mm,高400mm,石子粒径为60～100mm。盲沟的构造如图2-5所示。

盲沟的排水坡度不得小于3%,出水口设滤水篦子,防止碎石或石子流失。

在使用过程中,由于地下水流动,不可避免地带来一部分淤泥,时间长了可能堵塞盲沟。为此,要在盲沟转弯处设置窨井,以便及时清除淤泥。盲沟排水示意如图2-6所示。

图2-5　盲沟构造做法(尺寸单位:mm)

5. 内排水法

内排水法是把地下水通过外墙上预埋的管道流入室内的排水明沟,然后再汇流到集水坑内用水泵抽走,如图2-7所示。

内排水法比较可靠,易于检修。当地基土为弱透水性土且地下水量较小时,适用此法。

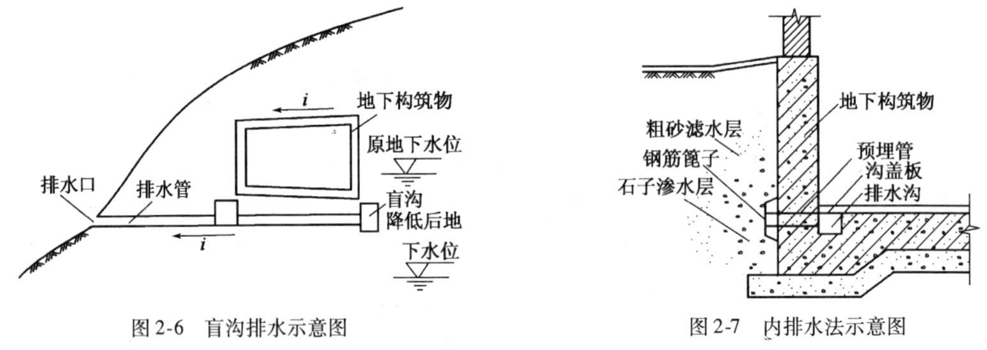

图2-6　盲沟排水示意图

图2-7　内排水法示意图

子情境1　混凝土自防水施工

任务1　地下防水混凝土施工

一、施工准备

1. 技术准备

(1)人力资源保证。包括项目经理、技术负责人、施工员、质检员、安全员、材料员、资料员、检测员、开机工、起重工、电工、架子工、木工、钢筋工、混凝土工。

(2)熟悉图纸、制订施工方案和一切规章管理制度。

2. 主要施工机具设备

混凝土自防水施工主要施工机具设备有:搅拌机、垂直运输机具(塔吊、提升架)、料斗、手推车、铁锹、振动棒、平板振动器、磅秤、铁板、灰桶。

3. 材料准备

地下防水混凝土施工的材料要求如下。

(1)水泥:采用42.5级硅酸盐水泥、普通硅酸盐水泥或矿渣硅酸盐水泥,严禁使用过期、受潮、变质的水泥。

(2)砂:宜用中砂,含泥量不得大于3.0%,泥块含量不得大于1.0%。

(3)石:碎石的粒径宜为5~40mm,含泥量不得大于1.0%,泥块含量不得大于0.5%。

(4)水:饮用水或不含有害物质的洁净水。

(5)在无设计要求的情况下,建议宜采用AEA、UEA膨胀剂,其性能应符合有关规定,其掺量应符合设计要求及有关规定,应经试验试配后方能允许使用。

4. 作业条件

(1)编制施工组织设计,选择经济合理的施工方案,制订技术措施,落实技术岗位责任制,做好技术交底工作。

(2)钢筋、模板上道工序完成,办理隐检、预检手续。主要检查固定模板的铁丝、螺栓是否穿过混凝土墙,如必须穿过时,应采取止水措施。特别是管道或预埋件穿过处是否做好防水处理。模板提前浇水湿润或刷脱模剂,并将模板内杂物清理干净。

(3)材料需经检验,由试验室试配提出混凝土配合比,试配的抗渗水压值比设计要求提高0.2MPa。

(4)防水混凝土的配合比应符合下列规定:

①试配要求的抗渗水压值应比设计值提高0.2MPa;

②水泥用量不得少于300kg/m^3;掺有活性掺和料时,水泥用量不得少于280kg/m^3;

③砂率宜为35%~45%,灰砂比宜为1:2~1:2.5;

④水灰比不得大于0.55;

⑤普通防水混凝土坍落度不宜大于50mm,泵送时入泵坍落度为100~140mm。

二、施工操作工艺

1. 施工工艺流程

地下防水混凝土施工工艺流程如图2-8所示。

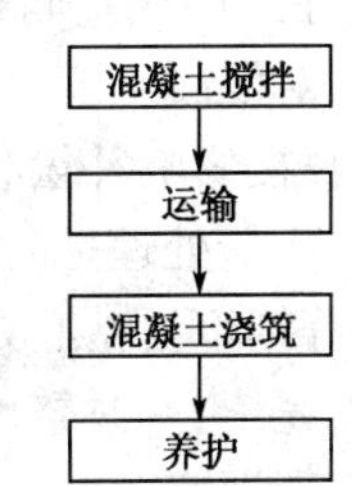

图2-8 地下防水混凝土施工工艺流程图

2. 施工操作要点

(1)基本规定。

①地下防水混凝土工程施工前,施工单位应进行图纸会审,掌握工程主体及细部构造的防水技术要求,并编制防水工程的施工方案。

②地下防水混凝土工程的施工,应建立各道工序的自检、交接检和专职人员检查的"三检"制度,并有完整的检查记录。未经建设(监理)单位对上道工序的检查确认,不得进行下道工序的施工。

③地下防水混凝土工程所使用的防水材料，应有产品的合格证书和性能检查报告，材料的品种、规格、性能等应符合现行国家产品标准和设计要求。对进场的防水材料应按规定抽样复验，并提出试验报告；不合格的材料不得在工程中使用。

④地下防水混凝土工程的防水层，严禁在雨天、雪天和五级风及其以上时施工，其施工环境气温条件宜为5~35℃。

⑤地下防水混凝土工程应按工程设计的防水等级标准进行验收。

⑥如地下水位较高时，地下防水工程施工期间继续做好降水、排水工程的施工。

⑦地下防水混凝土工程施工期间，明挖法的基坑以及暗挖法的竖井、洞口，必须保持地下水位稳定在基底0.5m以下，必要时应采取降水措施。

⑧地下工程的防水设防要求，应按表2-4和表2-5选用。

(2)运输。

混凝土运输供应保持连续均衡，间隔不应超过1.5h。夏季或运距较远可适当掺入缓凝剂，一般以掺入2.5‰~3‰木钙为宜。运输如有离析，浇筑前必须进行二次拌和。

(3)混凝土浇筑。

混凝土应连续浇筑，宜不留或少留施工缝。

①底板一般按设计要求，不留施工缝或留在后浇带上。

②墙体水平施工缝留在高出底板表面应不小于300mm，距墙孔洞边缘应不小于300mm处。施工缝形式宜用凸缝或阶梯缝、平直缝加金属止水片；施工缝宜做企口缝并用B、W止水条处理；垂直施工缝宜与后浇带、变形缝相结合。

③应用机械振捣，确保混凝土密实，振捣时间一般以10s为宜，不应漏振或过振，振捣延续时间应使混凝土表面出现浮浆、无气泡、不下沉为止。铺灰和振捣应选择对称位置开始，防止模板走动。结构断面较小、钢筋密集的部位应严格按分层浇筑、分层振捣的要求操作。

(4)养护。

混凝土浇筑后覆盖(终凝后浇水养护)，保持混凝土表面湿润，养护不少于14d。

(5)冬期施工。

水和砂应根据冬季施工方案要求施工，冬期施工掺入的防冻剂应选用经认证的产品，混凝土入模温度不低于5℃。宜采用综合蓄热法保温养护，拆模时混凝土表面温度与环境温差不大于15℃。

(6)应注意的质量问题。

①严禁对混凝土随意加水，严格控制水灰比，水灰比过大将影响AEA或UEA补偿混凝土的膨胀率，直接影响补偿收缩及减少收缩裂缝的效果。

②细部构造处理是防水的薄弱环节，施工前应审核图纸，特殊部位如变形缝、施工缝、穿墙管、预埋件等细部要精心处理。

③施工完毕，及时整理施工技术资料，交总包单位归档。地下室防水工程保修期三年，出现渗漏要负责返修。

④穿墙管外预埋带有止水环的套管，应在浇筑混凝土前预埋固定，止水环周围混凝土要细心振捣密实，防止漏振，主管与套管按设计要求用防水密封膏封严。

⑤后浇带一般待混凝土浇筑6周后，应以原设计混凝土等级提高一级的AEA或UEA补偿收缩混凝土浇筑。

三、施工质量验收标准

1. 质量验收主要内容

(1)主控项目。

①防水混凝土的原材料、外加剂及预埋件必须符合设计要求和施工规范有关标准的规定，检查出厂合格证、试验报告。

②防水混凝土的抗渗等级和强度必须符合设计要求，检查配合比及试块试验报告。抗渗试件应在浇筑地点制作，连续浇筑混凝土每 $500m^3$ 应留置一组抗渗试件(每组 6 个试件)，一组标养，一组同条件养护，养护期 28d，每增 $250 \sim 500m^3$ 混凝土则增留两组。

③施工缝、变形缝、止水片、穿墙管、支模铁件设置与构造须符合设计要求和施工规范的规定，严禁有渗漏。

(2)一般项目。

混凝土表面平整，无露筋、蜂窝等缺陷，预埋件位置正确。

2. 质量验收要点

允许偏差项目如下：

(1)防水混凝土结构表面的裂缝宽度不应大于 0.2mm，并不得贯通。

检验方法：用刻度放大镜检查。

(2)防水混凝土结构厚度不应小于 250mm，其允许偏差为 +15mm、-10mm；迎水面钢筋保护层厚度不应小于 50mm，其允许偏差为 ±10mm。

检查方法：尺量检查和检查隐蔽工程验收记录。

(3)其他误差详见表 2-4。

其 他 误 差 表 2-4

<table>
<tr><th colspan="3">项 目</th><th>允许偏差(mm)</th><th>检 验 方 法</th></tr>
<tr><td rowspan="4">轴线位置</td><td colspan="2">基础</td><td>15</td><td rowspan="4">钢尺检查</td></tr>
<tr><td colspan="2">独立基础</td><td>10</td></tr>
<tr><td colspan="2">墙、柱、梁</td><td>8</td></tr>
<tr><td colspan="2">剪力墙</td><td>5</td></tr>
<tr><td rowspan="3">垂直度</td><td rowspan="2">层高</td><td>≤5m</td><td>8</td><td>经纬仪或吊线、钢尺检查</td></tr>
<tr><td>>5m</td><td>10</td><td>经纬仪或吊线、钢尺检查</td></tr>
<tr><td colspan="2">全高(H)</td><td>H/1 000 且≤30</td><td>经纬仪、钢尺检查</td></tr>
<tr><td rowspan="2">标高</td><td colspan="2">层高</td><td>+10</td><td rowspan="2">水准仪或拉线、钢尺检查</td></tr>
<tr><td colspan="2">全高</td><td>+30</td></tr>
<tr><td colspan="3">截面尺寸</td><td>+8，-5</td><td>钢尺检查</td></tr>
<tr><td rowspan="2">电梯井</td><td colspan="2">井筒长、宽对定位中心线</td><td>+25，0</td><td>钢尺检查</td></tr>
<tr><td colspan="2">井筒全高(H)垂直度</td><td>H/1 000 且≤30</td><td>经纬仪、钢尺检查</td></tr>
<tr><td colspan="3">表面平整度</td><td>8</td><td>2m 靠尺和塞尺检查</td></tr>
<tr><td colspan="3">预留洞中心线位置</td><td>15</td><td>钢尺检查</td></tr>
<tr><td rowspan="3">预埋设施中心线位置</td><td colspan="2">预埋件</td><td>10</td><td rowspan="3">钢尺检查</td></tr>
<tr><td colspan="2">预埋螺栓</td><td>5</td></tr>
<tr><td colspan="2">预埋管</td><td>5</td></tr>
</table>

注：检查轴线、中心线位置时，应沿纵、横两个方向量测，并取其中的较大值。

四、成品保护

(1)为保护钢筋、模板尺寸位置正确,不得随意踩踏钢筋,并不得碰撞、改动模板、钢筋。

(2)在拆模或吊运其他物件时,不得碰坏施工缝处企口及止水带。

(3)保护好穿墙管、电线管及预埋件等,振捣时勿挤偏或使预埋件挤入混凝土内。

五、安全环保措施

1. 安全生产措施

(1)施工电源开关箱必须装设漏电保护器,防止漏电伤人。

(2)振捣器的电源线、开关、胶皮线要经常检查,防止破损漏电伤人。操作人员施工时应戴绝缘手套,穿绝缘水胶鞋。

(3)夜间施工,现场及施工道路应装有充足的照明设施。

(4)用钢管搭设的脚手架卸料平台或施工通道,其搭设必须符合《建筑施工扣件式钢管脚手架安全技术规范》(JGJ 130—2001)的规定。

(5)疏散通道及疏散口必须保证畅行无阻,确保人员疏散。

(6)对于深坑或深井应进行临边防护,并张挂警示牌或警示照明。

(7)搅拌机的电动机应设有开关箱,并应装漏电保护器。搅拌机不使用时,应拉闸断电,并锁好开关箱。

(8)水平运输采用手推车向料斗内倒混凝土时,应设置挡车措施,不得用力过猛或撒把。

(9)浇筑混凝土所使用的溜槽必须固定牢固,若使用串筒时,串筒节间应连接牢靠。在操作部位应设置护身栏杆,严禁直接站在溜槽上操作。

2. 文明施工措施

(1)工地地面做硬化处理,道路坚实畅通,有排水措施,基础、地下室外墙防水施工后要及时回填平整,消除积土、积渣。

(2)泥浆、污水、废水要统一排放,不能直接排入下水道和河道,以免造成市政下水道堵塞和污染水源。

(3)现场材料、构件、料具应按施工平面图布置堆放,做到科学快捷,布局合理。

(4)现场物料堆放,做到分类、分块、整齐有序,便于取用和防腐防盗,并各自挂好标牌,标明名称、品种、规格等内容。标识清楚,不混乱。

(5)施工现场物料吊装周转物、汽车卸货范围以及施工楼层上应经常清扫,做到工完料尽场地清。

(6)建筑垃圾应及时清运出现场。不能及时清运的,应把垃圾堆放整齐,并挂设标牌。

(7)易燃易爆物品应分类隔离堆放,并有专门的防雨、防火和防爆措施。且有专人保管,领取时登记。

(8)工地施工人员应有专门的供住宿用的工棚,严禁把在建工程作住宿场地。

(9)工人宿舍严禁烧电炉,冬季烤火也必须有相应的防煤气中毒措施。

3. 环保措施

(1)混凝土搅拌站应做好排水措施。污水的排放应符合环保要求。

(2)混凝土搅拌、振动棒捣固时应即时办理有关防止噪声的手续,晚上施工时不应超过

22:00,以减少噪声对周围环境的影响。

(3)混凝土施工中应按文明施工的要求,对砂进行覆盖,防止粉尘产生的污染。

六、质量记录

(1)原材料的出厂质量证明书,试验报告、配合比通知单。

(2)混凝土试块试验报告(包括抗压及抗渗试块)。

(3)隐检记录。

(4)设计变更及洽商记录。

(5)检验批、分项工程质量验收记录。

(6)分部(子分部)工程质量验收记录。

(7)混凝土施工记录。

(8)其他技术文件。

任务2　地下水泥砂浆防水层施工

地下水泥砂浆防水层适用于地下混凝土或砖石结构的地下室、水池等工程的防水层及防水混凝土结构的附加防水层,属潮湿条件下施工的刚性防水施工标准。

一、施工准备

1. 技术准备

与任务1相同,本任务不再赘述。

2. 主要施工机具设备

地下水泥砂浆防水层施工主要施工机具设备有:砂浆搅拌机、铁锹、铁板、灰桶、铁抹子、硬刮尺、钢丝刷、扫帚、铁锤、钻子等。

3. 材料准备

地下水泥砂浆防水层施工的材料要求如下。

(1)水泥:宜采用32.5级以上的普通硅酸盐水泥,亦可用矿渣硅酸盐水泥。有侵蚀性作用时,应按设计要求选用。

(2)砂:宜用中砂,不得含有杂物,含泥量不得超过1%。使用前必须经过3mm孔径的筛(粒径不大于3mm)。硫化物和硫酸盐含量不得大于1%。

(3)水采用自来水或不含有害物质的洁净水。

(4)外加剂:应符合国家行业标准质量要求。外加剂可采用防水粉、防水油,也可采用有机硅防水剂,氯化物金属盐类防水剂。均应按产品说明书正确使用。

4. 作业条件

(1)熟悉施工图纸,制订技术措施,落实技术岗位责任制,做好技术交底工作。

(2)地下水泥砂浆防水工程的施工,应建立各道工序的自检、交接检和专职人员检查的"三检"制度,并有完整的检查记录。未经建设(监理)单位对上道工序的检查确认,不得进行下道工序的施工。

(3)地下水泥砂浆防水工程所使用的材料,应有产品合格证书和性能检查报告,材料的品种、规格、性能等应符合现行国家产品标准和设计要求。

对进场的材料应按规定抽样复验，并提出试验报告；不合格的材料不得在工程中使用。

(4)水泥砂浆防水层的基层质量应符合下列要求：

①水泥砂浆铺抹前，基层的混凝土和砌筑砂浆强度应不低于设计值的 80%；

②基层表面应坚实、平整、粗糙、洁净并充分湿润，无积水；

③基层表面的孔洞、缝隙应用与防水层相同的砂浆填塞抹平。

二、施工操作工艺

1. 施工工艺流程

地下水泥砂浆防水层施工工艺流程如图 2-9 所示。

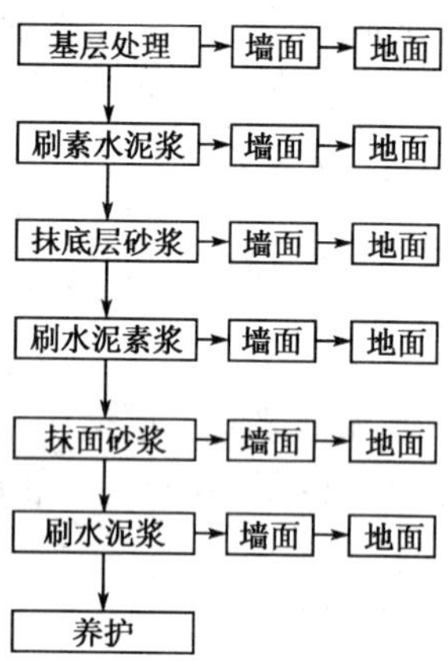

图 2-9 地下水泥砂浆防水层施工工艺流程图

2. 施工操作要点

(1)基本规定。

接槎及阴阳角做法。一般先抹立面墙后抹地面，槎子不应甩在阴阳角处，各层抹灰槎子不得留在一条线上，底层与面层搭槎在 15～20cm 之间。接槎时先刷水泥防水素浆，所有墙的阳角都要做半径 50mm 的圆角，阴角做成半径为 10mm 的圆角，地面上的阴角都要做成圆角，用阴角抹子压光、压实。

(2)工艺说明及工艺过程中应注意的事项。

①基层处理。

基层处理十分重要，是保证防水层与基层表面结合牢固，不空鼓和密实不透水的关键。基层处理包括清理、浇水、刷洗、补平等工序，使基层表面保持潮湿、清洁、平整、坚实、粗糙。

混凝土墙面如有蜂窝松散的混凝土，要剔掉并用水冲刷干净，然后用 1∶3 水泥砂浆抹平或用干硬性水泥砂浆捻实。旧混凝土工程补做防水层时，需将表面凿毛，清理平整后，再用水冲刷干净。

砖墙抹防水层时，必须在砌砖时将缝剔深 10～12mm，穿墙预埋管露出基层，在其周围剔成 20～30mm 宽、50～60mm 深的槽，并用 1∶2 干硬性水泥砂浆捻实。管道穿墙应按设计要求做好防水处理，并办理隐检手续。

基层处理后必须浇水湿润，这是保证防水层和基层结合牢固、不空鼓的重要条件。浇水要按次序反复浇透，砖砌体要浇到砌体表面基本饱和，抹上灰浆后没有吸水现象为合格。

②混凝土墙抹水泥砂浆防水层施工。

刷水泥素浆，其配合比为水泥∶水∶防水油 = 1∶0.8∶0.025(质量比)，先将水泥与水拌和，然后再加入防水油搅拌均匀，再用软毛刷在基层表面均匀涂刷，随即抹底层防水砂浆。

抹底层砂浆，用 1∶2.5 水泥砂浆，按新产品说明书加防水粉，水灰比为 0.6～0.65，稠度为 7～8cm。先将防水粉和水泥、砂子拌匀后，再加水拌和，搅拌均匀后进行抹灰操作，底灰抹灰厚度为 5～10mm，在灰未凝固之前用扫帚扫毛。砂浆要随拌随用，拌和及使用砂浆时间不宜超过 60min，严禁使用过夜砂浆。

刷水泥素浆：在底灰抹实后，常温时隔 1d 再刷水泥素浆，配合比及做法与第一层相同。

抹面层砂浆：刷过素浆后，紧接着抹面层，配合比同底层砂浆，抹灰厚度为 5～10mm，凝固前用木抹子搓平，用铁抹子压光。

刷水泥素浆：面层抹实后1d刷水泥素浆一道，配合比为水泥∶水∶防水油＝1∶1∶0.03（质量比），做法和第一层相同。

③砖墙抹水泥砂浆防水层。

基层浇水湿润：抹灰前一天用水把砖墙浇透，第二天抹灰时再把砖墙洒水湿润。

抹底层砂浆：用1∶2.5水泥砂浆，按新产品说明书加防水粉。先用铁抹子薄薄刮一层，然后再用木抹子上灰，搓平，压实表面并顺平。抹灰厚度为6～10mm。

抹水泥素浆：底层抹完后1～2d，将表面浇水湿润，再抹水泥防水素浆，按新产品说明书加防水粉。先将水泥与防水粉拌和，然后加入适量水搅拌均匀，用铁抹子薄薄抹一层，厚度在1mm左右。

抹面层砂浆：抹完水泥素浆之后，紧接着抹面层砂浆，配合比与底层相同，先用木抹子搓平，后用铁抹子压实、压光。抹灰厚度为6～8mm。

刷水泥素浆：面层抹灰1d后，刷水泥素浆，配合比为水泥∶水∶防水油＝1∶1∶0.03（质量比），方法是先将水泥与水拌匀后，加入防水油再搅拌均匀，用软毛刷子将面层均匀涂刷一遍。

④地面抹水泥砂浆防水层。

清理基层：将垫层上松散的混凝土、砂浆等清洗干净，凸出部分剔除。

刷水泥素浆：配合比为水泥∶防水油＝1∶0.03（质量比），加上适量水拌和成粥状，铺摊在地面上，用扫帚均匀地扫一遍。

抹底层砂浆：底层用1∶3水泥砂浆，掺入水泥中3%～5%防水粉。拌好的砂浆倒在地上，用杠尺刮平，木抹子顺平，铁抹子压一遍。

刷水泥素浆：常温间隔1d后刷水泥素浆一遍，配合比为水泥∶防水油＝1∶0.03（质量比）加适量水。

抹面层砂浆：刷水泥素浆后，接着抹面层砂浆，配合比做法同底层。

刷水泥素浆：面层砂浆初凝后刷最后一遍素浆（不要太薄，以满足耐磨要求），配合比为水泥∶防水油＝1∶0.01（质量比），加适量水，使其与面层砂浆紧密结合在一起，并压光、压实。地面防水层在施工时要防止践踏，应由里向外顺序进行。

养护：终凝后，表面盖麻袋、草袋经常浇水湿润，养护时间视气温条件决定，一般为7d。矿渣硅酸盐水泥不应少于14d，此期间不受静水压作用。冬期养护环境温度不低于＋5℃。

⑤五层做法总厚度控制在20mm左右。多层做法宜连续施工，各层紧密结合，不留或少留施工缝，如必须留时应留成阶梯槎，接槎要依照层次顺序操作，层层搭接紧密，接槎位置均需离开阴角处200mm。

（3）应注意的质量问题。

①基层处理刷素浆前混凝土表面必须凿毛，油污处必须清洗干净，加强养护或增加养护期，避免出现空鼓和裂缝。

②各层抹灰时间应掌握好，不要跟得太紧，仅防出现流坠。避免素浆抹上后干燥过快，抹灰层砂浆黏结不牢造成渗水。接槎、穿墙管及细部处理必须按规范认真操作，避免出现局部渗漏，必须按规定认真操作。

三、施工质量验收标准

1. 主控项目

（1）原材料：水泥、砂、外加剂、配合比及其做法，必须符合设计要求和施工规范规定。

(2)水泥砂浆防水层与基层必须结合牢固,无空鼓。

2. 一般项目

(1)外观:表面平整、密实,无裂纹、起砂、麻面等缺陷。阴阳角呈圆弧形,尺寸符合要求。

(2)留槎位置正确,按层次顺序操作,层层搭接紧密。

(3)水泥砂浆防水层的平均厚度应符合设计要求,最小厚度不得小于85%。

四、成品保护

(1)抹灰架子要离开墙面15cm,拆架时不得碰坏墙角及墙面。

(2)落地灰要及时清理使用,做到文明施工。

(3)地面还未达到终凝时不能过早上人。

五、安全环保措施

与任务1相同,本任务不再赘述。

六、质量记录

(1)原材料(水泥、砂、外加剂等)出厂合格证、试验报告。

(2)隐检记录。

(3)设计变更及洽谈记录。

(4)分项工程质量检验评定记录。

(5)检验批质量验收记录。

(6)其他技术文件。

任务3 地下细部构造(变形缝)施工

本任务适用于防水混凝土结构的变形缝细部构造施工。变形缝是考虑工程结构的沉降、伸缩的可变性,并保证其在变化中的密闭性而设置的。

一、施工准备

1. 技术准备

与任务1相同,本任务不再赘述。

2. 主要施工机具设备

地下细部构造(变形缝)施工主要施工机具设备有:斧子、锯子、钉锤、钳子、扳手、水平尺、振动棒、电焊机、搅拌机、焊枪、手推车、铁锹等。

3. 材料准备

对止水带的基本要求是:"应用于变形缝的止水带必须具备一定的防水能力,具有适应结构的反复变形,在变形允许范围内不开裂,不折断等性能"。

(1)止水带宽度和材质的物理性能均应符合设计要求,应具有出厂合格证及检验、复检报告。

(2)止水带的尺寸、公差应符合表2-5的要求。

止水带的尺寸公差　表 2-5

止水带公称尺寸		止水带尺寸
厚度 B	4~6mm	+1,0
	7~10mm	+1.3,0
	11~20mm	+2,0
宽度 L(%)		±3

(3)止水带的主要性能要求(B 型)如下。

硬度(邵尔 A,度):60±5;

拉伸强度(MPa):≥15;

扯断伸长率(%):≥380;

压缩永久变形(70℃×24h,%):≤35;

(23℃×168h,%):≤20;

撕裂强度(kN/m):≥30;

脆性温度(℃):≤-45;

热空气老化:70℃×168h;

硬度变化(邵尔 A,度):+8;

拉伸强度(MPa):≥12;

扯断伸长率(%):≥300;

臭氧老化 50pphnr:20%,48h,2 级。

4. 作业条件

(1)计划定货。在向厂家提出进货计划前,先进行详细的尺寸计算,设计止水带长度尺寸模数。使接头位置在其平直部位,离结构转角或相交点处 60cm 以上,并预留出搭接量。特殊平面,空间相交节点处请厂家订做定型止水带节点。

(2)进场检验。确定止水带型号、尺寸、数量及产品合格证,还必须进行抽样复检并观察验收。止水带表面不得有开裂、缺胶、分层等破坏现象,深度不大于 2mm、面积不大于 $16mm^2$ 的凹痕、气泡、杂质、明疤等缺陷不得超过 4 处,止水带的尺寸偏差,中心孔偏差应在允许偏差内,必要时用人力拉伸后检查其中间的止水圆环。

(3)接头处理。止水带接头处采用搭接 20cm 的热接方法,由厂家专业人员根据其产品性能在现场处理,接后必须对每个接心头进行外观检验。

(4)根据施工方案,做好技术交底工作。

二、施工操作工艺

1. 工艺流程图

地下细部构造(变形缝)施工工艺流程如图 2-10 所示。

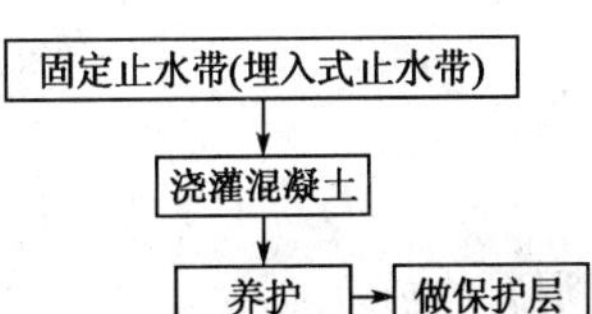

图 2-10　地下细部构造(变形缝)施工工艺流程图

2. 施工操作要点

(1)基本规定。

①止水带宽度和材质的物理性能均应符合设计

要求，且无裂缝和气泡；接头应采用热接，不得叠接，接缝平整、牢固，不得有裂口和脱胶现象。

②中埋式止水带中心线应和变形缝中心线重合，止水带不得穿孔或用铁钉固定。

③变形缝设置中埋式止水带时，混凝土浇筑前应校正止水带位置，表面清理干净，止水带损坏处应修补；顶、底板止水带的下侧混凝土应振捣密实，边墙止水带内外侧混凝土应均匀，保持止水带位置正确、平直，无卷曲现象。

④变形缝处增设的卷材或涂料防水层，应按设计要求施工。

(2)工艺说明。

①埋入式橡胶止水带安装固定。

支模固定橡胶止水带：绑扎钢筋、支模前，首先在垫层上弹定位墨线，确定变形缝的位置。定位墨线应在支模后仍外露，以便检查止水带的偏移。钢筋绑扎完毕后采用图2-11形式橡胶止水带安装固定。

未用模板固定的水平设置的橡胶止水带，利用定型钢筋箍保证其位置准确，箍筋开口部位比端部高50mm左右，使橡胶止水带端部比其中心圆环部位相应高50mm左右，便于水平设置的橡胶止水带在人工振捣时能排出空气。对垂直设置的橡胶止水带未用模板固定的部分，在定型钢筋箍上绑间距300mm混凝土垫块固定。

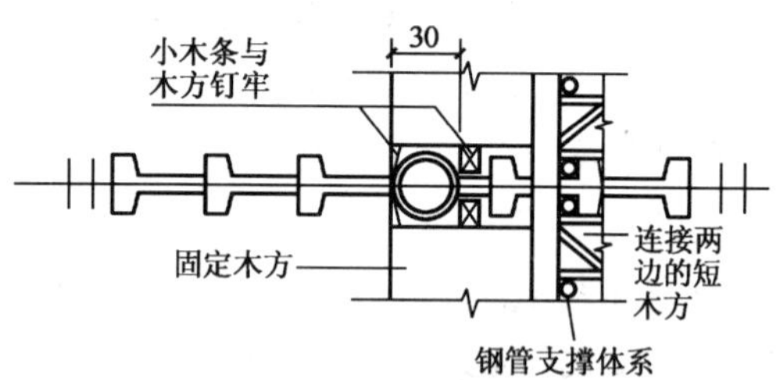

图2-11　支模固定橡胶止水带构造图(尺寸单位:mm)

在橡胶止水带两边各采用1块50mm×50mm加固木方，其余部分根据混凝土厚度采用钢模，连接两边木方的短木方间距1m，保证两边木方连接成为一体，夹住止水带。外侧的钢管支撑体系与模板间用扣件和8号铅丝固定连成一体。

为控制水平橡胶止水带的中心标高，在模板上弹出标高控制线，并在底板钢筋处点焊用以控制检查标高的焊有止水的钢筋棍，间距1m。垂直橡胶止水带的垂直度，应采用从底部控制线位置处吊线坠的方法进行控制。

聚苯乙烯泡沫板的固定：将聚苯乙烯泡沫板靠已成型的混凝土一侧放好，用预埋的22号镀锌铁丝将泡沫板绑在混凝土上，再在未浇筑混凝土一侧的定型箍筋上绑厚度为保护层厚度的混凝土垫块，将泡沫板顶住，见图2-12。

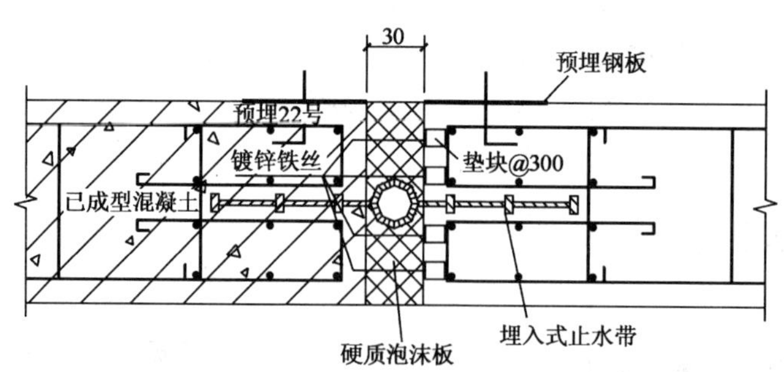

图2-12　聚苯乙烯泡沫板的固定构造图(尺寸单位:mm)

②混凝土施工。

变形缝一侧的混凝土，达到设计强度的30%以上后，方能拆模，再浇筑另一侧混凝土。

检查橡胶止水带的位置、构造是否符合设计要求；接头位置处理是否正确；止水带上是否无尘土、杂物，并检查止水带是否有破损和拉裂现象。确认无误后，方可浇筑混凝土。

在浇筑水平设置变形缝的混凝土时，应先捣实橡胶止水带附近的混凝土，再用小型振捣棒振捣止水带下面的混凝土，一直浇筑到距止水带底面5cm左右高时，再装入混凝土，将止水带的端部用钝头钩子勾起，用圆头木棒在止水带上部逐点捣实，以利排气和混凝土的密实。由于采用坍落度较大的泵送混凝土，要求橡胶止水带端部比设计位置高出40～60mm。浇筑止水带上部混凝土宜采用小型振捣棒，控制棒体的插入深度，不得碰撞止水带。垂直设置的橡胶止水带两边应同时浇筑。浇筑时需将混凝土运送到变形缝附近，易采用人工下料，并注意铁锹不得磕碰止水带或模板。

③养护。

混凝土浇筑后覆盖（终凝后浇水养护），保持混凝土表面湿润，养护不少于14d。

（3）应注意的质量问题。

①变形缝中的止水带固定要牢固，确保混凝土灌注后止水带埋设位置准确，不易被混凝土挤偏、扭曲、卷边或被挤出墙外，止水带要起到止水和适应变形的作用而不渗漏。

②带接头时搭接处黏结要好，接头位置选择应妥善，防止被硬物击穿而造成渗漏。

③要按设计要求调整混凝土配合比，收缩系数不宜过大，止水带两翼的混凝土包裹应严密，特别是底板部位和转角处的止水带下面，混凝土振捣更应严密，不留有空隙，以免造成渗漏。

④钢筋不宜过密，粗集料粒径不得过大，或浇筑方法要正确，在施工操作时，振捣应密实，以免使止水带两翼包裹的混凝土呈松散状，造成渗漏水。

三、质量标准

1. 主控项目

（1）细部构造所用止水带、遇水膨胀橡胶腻子止水条和接缝密封材料必须符合设计要求。

（2）变形缝细部构造做法，均须符合设计要求，严禁有渗漏。

2. 一般项目

（1）止水带应固定牢靠、平直，不得有扭曲现象。

（2）接缝处混凝土表面应密实、洁净、干燥；密封材料应嵌填严密、黏结牢固，不得有开裂、鼓泡和下塌现象。

四、成品保护

（1）为保证止水带安装的尺寸位置正确，不得随意碰撞及改动模板。

（2）拆模时不得碰坏止水带。

（3）混凝土振捣时严格控制振动棒的插入深度，不得碰撞止水带。

五、安全环保措施

1. 安全生产措施

（1）施工电源开关箱必须装设漏电保护器，防止漏电伤人。

（2）振捣器的电源线、开关、胶皮线要经常检查，防止破损漏电伤人。操作人员施工时应戴绝缘手套,穿绝缘水胶鞋。

(3)夜间施工,现场及施工道路应装有充足的照明设施。

(4)用钢管搭设的脚手架卸料平台或施工通道,其搭设必须符合《建筑施工扣件式钢管脚手架安全技术规范》(JGJ 130—2001)的规定。

(5)疏散通道及疏散口必须保证畅行无阻,确保人员快速疏散。

2. 文明施工措施、环保措施

与任务1相同,本任务不再赘述。

六、质量记录

(1)止水带有产品合格证、质量检验报告和现场抽样试验报告。

(2)隐蔽工程检验记录。

(3)分项工程质量验收记录。

(4)分部(子分部)工程质量验收记录。

任务4　地下细部构造(施工缝)施工

本任务适用于防水混凝土结构的施工缝细部构造施工。施工缝是在混凝土浇筑过程中,因设计要求或施工需要分段浇筑而在先、后浇筑混凝土之间所形成的接缝。

一、施工准备

1. 技术准备

与任务1相同,本任务不再赘述。

2. 主要施工机具设备

地下细部构造(施工缝)施工主要施工机具设备有:钻子、电焊机、搅拌机、振动棒、手推车、焊枪、钢丝刷、铁锹、铁板等。

3. 材料准备

材料要求如下:

(1)混凝土所需材料与防水混凝土要求相同。

(2)橡胶止水带与地下细部构造(变形缝)施工要求相同。

(3)钢板止水带:钢板选用厚2.5mm、宽300mm的钢板制作。

4. 作业条件

(1)熟悉施工图,按图组织施工并做好技术交底工作。

(2)橡胶止水带在向厂家采购前,必须先进行详细的尺寸计算,设计止水带的长度尺寸模数,使接头位置离结构转角或相交点处60cm以上,并预留出搭接量。

(3)橡胶止水带检验。确定止水带型号、尺寸、数量并应有产品合格证,同时必须进行抽样复验并观察检验。止水带表面不得有开裂、缺胶、分层等破坏现象,深度不大于2mm、面积不大于16mm^{2}的凹痕、气泡、杂质、明疤等缺陷不得超过4处。止水带的尺寸偏差、中心孔偏差应在允许偏差内。

(4)橡胶止水带接头采用搭接20cm的热接方法,由厂家专业人员根据其产品性能在现场处理,接后必须对每个接头进行外观检验。

(5)选择施工缝。根据施工缝的断面可做成不同形状的施工缝,如平口缝、企口缝和钢板止水缝等,如图 2-13 ~ 图 2-15 所示,上述各种形式的施工缝各有利弊,其优缺点对比如表 2-6 所示。

不同形式施工缝优缺点对比 表 2-6

形式		优点	缺点	备注
平口缝		施工简单	界面结合差	
企口缝	凸缝	接缝表面容易清理	支模费时	较常用
	凹缝	施工简便、界面结合较好	清理困难、易积杂物	较常用
	V 形缝	渗水线路延长	支模麻烦	
	阶形缝	渗水线路延长	支模麻烦	
钢板止水缝		防水效果可靠	耗费钢材	

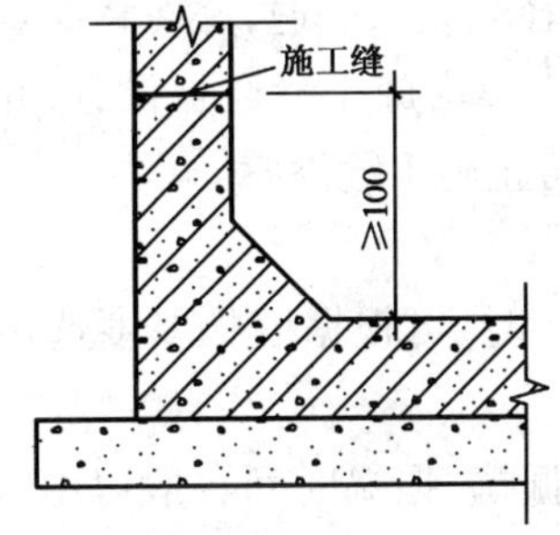

图 2-13 平口缝示意图(尺寸单位:mm)

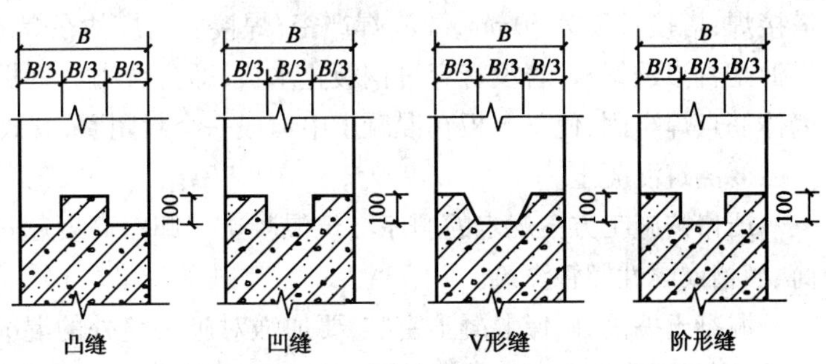

图 2-14 企口缝示意图(尺寸单位:mm)

二、施工操作工艺

1. 工艺流程图

地下细部构造(施工缝)施工工艺流程如图 2-16 所示。

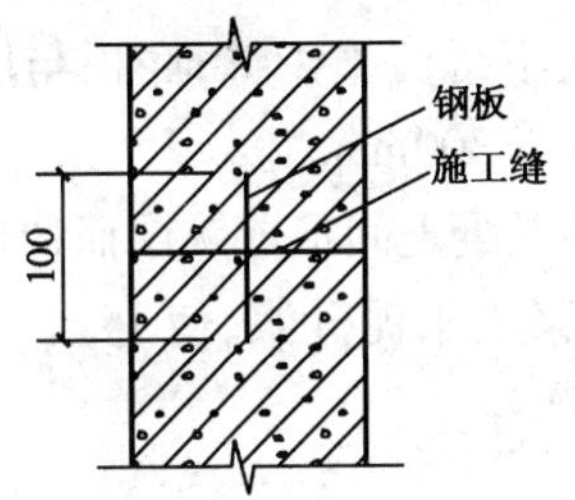

图 2-15 钢板止水缝示意图(尺寸单位:mm)

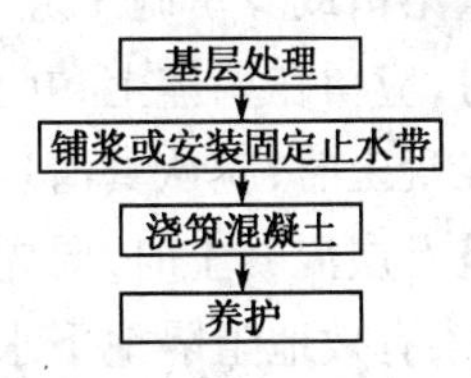

图 2-16 地下细部构造(施工缝)施工工艺流程图

2. 施工操作要点

(1)基本规定。

①水平施工缝浇筑混凝土前,应将其表面浮浆和杂物清除,铺水泥砂浆或涂刷混凝土界面处理剂并及时浇筑混凝土。

②对垂直施工缝浇筑混凝土前,应将其表面清理干净,涂刷混凝土界面处理剂并及时浇筑混凝土。

③施工缝采用遇水膨胀橡胶腻子止水条时,应将止水条牢固地安装在缝表面预留槽内。

④施工缝采用中埋式止水带时，应确保止水带位置准确、固定牢靠。

(2)工艺说明。

①基层处理。无论采用哪种形式的施工缝，为了使接缝严密，浇筑混凝土前都必须认真清理施工缝，凿掉表面浮粒和杂物，用钢丝刷或剁斧将混凝土表面凿毛，并用水冲刷干净。

②铺浆或止水带固定安装。

铺浆：在混凝土浇筑前，用水将施工缝冲洗干净，并保持湿润，铺上一层 20 ~ 25mm 厚水泥砂浆，铺浆长度要适应混凝土浇筑速度，其材料和灰砂比应与混凝土相同或提高一级标号，混凝土铺浆不宜过长或者间断补漏。

橡胶止水带安装：用一根 Φ16 ~ 20mm 钢筋上焊直径更细的钢筋做成的 U 形卡子，卡子间距为 300 ~ 500mm，根据橡胶止水带的软硬程度而定。橡胶止水带固定在 U 形卡子中，再将卡子与墙体筋点焊牢固，能保证橡胶止水带的安装质量。

钢板止水带安装：钢板止水带用厚 2.5mm、宽 300mm 的钢板制作，钢板止水板的连接采用搭接焊，搭接长度为 50mm，要满焊严密，焊接后用煤油在焊缝处轻轻地涂一遍，并在背面观察煤油是否渗透钢板，若没有穿过钢板止水板，即为合格。钢板止水带沿施工缝通长设置，并与墙体筋点焊牢固，使止水板在混凝土中形成一个封闭圈，有效地防止施工缝渗漏。

③浇筑混凝土。

严格按施工方案规定的顺序浇筑混凝土。卸料高度超过 3m 时，可根据墙板厚度选用串筒、溜槽或柔性溜管浇筑。

混凝土捣固，确保混凝土密实，要加强对施工缝处的混凝土振捣，振捣时间一般以 10s 为宜，不应漏振或过振。振捣延续时间应使混凝土表面浮浆无气泡，不下沉为止。铺灰和振捣应选择对称位置开始，防止模板走动。结构断面较小、钢筋密集的部位应严格分层浇筑，分层振捣。

④养护。

混凝土浇筑后覆盖(终凝后浇水养护)养护，保持混凝土表面湿润，养护不少于 14d。

(3)应注意的质量问题。

①应尽量不留或少留施工缝，底板混凝土应连续浇筑，不得留施工缝；底板与墙体间如必须留施工缝时，应留在墙体上，并且应高出底板上表面不少于 300mm。

②浇筑混凝土时，应认真清理施工缝杂物，避免在新旧混凝土间形成灰层而造成渗漏。

③在浇筑上层混凝土时，要先在施工缝处铺一层水泥浆或水泥砂浆，使上、下两层混凝土之间黏结密实，有效地阻隔地下水的渗漏。

三、质量标准

1. 主控项目

施工缝必须符合设计要求，严禁有渗漏。

检验方法：观察检查和检查隐蔽工程验收记录。

2. 一般项目

(1)接缝处混凝土表面应密实、洁净、干燥。

(2)密封材料应嵌填严密、黏结牢固，不得有开裂、鼓泡和下塌现象。

检验方法：观察检查。

四、成品保护

与地下细部构造(变形缝)施工要求相同。

五、安全环保措施

与地下细部构造(变形缝)施工要求相同。

六、质量记录

(1)原材料(水泥、砂、石、外加剂等)的出厂质量证书、试验报告(含现场复检见证取样复检报告)。

(2)混凝土试块试验报告。

(3)橡胶止水带出厂合格证、试验报告及复检报告。

(4)隐蔽工程验收记录。

(5)混凝土施工记录。

(6)砂、石含水率测定,调整配合比记录。

(7)检验批质量验收记录。

(8)分项工程质量验收记录。

任务5　地下细部构造(后浇带)施工

本任务适用于防水混凝土结构的后浇带细部构造施工。加强带是指在原留设伸缩缝或后浇带的部位,留出一定宽度,并增加钢筋的配筋量、提高混凝土等级,采用膨胀率大的混凝土与相邻混凝土同时浇筑的部位。后浇带是一种混凝土刚性接缝,适用于不宜设置柔性变形缝以及后期变形趋于稳定的结构。后浇带应采用补偿收缩混凝土,其强度等级不得低于两侧混凝土。

一、施工准备

1. 技术准备

与任务1相同,本任务不再赘述。

2. 主要施工机具设备

地下细部构造(后浇带)施工主要施工机具设备有:钢丝刷、扫帚、搅拌机、振动棒、手推车、铁锹、铁板等。

3. 材料准备

所需材料及要求如下。

(1)水泥:采用42.5级硅酸盐水泥、普通硅酸盐水泥或矿渣硅酸盐水泥,严禁使用过期、受潮、变质的水泥。

(2)砂:宜用中砂,含泥量不得大于3.0%,泥块含泥量不得大于1.0%。

(3)石:碎石的粒径宜为3~5cm,含泥量不得大于1.0%,泥块含量不得大于0.5%。

(4)水:饮用水或不含有害物质的洁净水。

(5)AEA、UEA膨胀剂应符合现行国家建材行业标准《混凝土膨胀剂》(JC 476—2001)规定的性能要求(表2-7、表2-8),其掺量应符合设计要求及有关规定。与其他外加剂混合使用时,应经试验试配后方能允许使用。

AEA 混凝土膨胀剂性能主要项目指标 表 2-7

项　　目			单　　位	指　标　值
细度	比表面积		m^2/kg	≥250
	1.25mm 筛筛余量		%	≤0.5
凝结时间	初凝		min	≥45
	终凝		h	≤10
限制膨胀率	水中	7d	%	≥0.025
		28d	%	≤0.10
	空气中	28d	%	≥0.02
抗压强度	7d		MPa	≥25.0
	28d		MPa	≥45.0
抗折强度	7d		MPa	≥4.5
	28d		MPa	≥6.5
含水率			%	≤3.0
氯化镁			%	≤3.0
总碱量			%	≤0.75
氯离子			%	≤0.05

UEA 混凝土膨胀剂主要项目指标 表 2-8

项　　目			单　　位	指　标　值
细度	比表面积		cm^2/g	≥2 500
	0.08mm 筛筛余量		%	≤10
	1.25mm 筛筛余量		%	≤0.5
凝结时间	初凝		min	≥45
	终凝		h	≤10
限制膨胀率	水中 14d	一等品	%	≥0.04
		合格品	%	≥0.02
	空气中 28d		%	≥ -0.02
抗压强度	7d		MPa	≥30.0
	28d		MPa	≥47.0
抗折强度	7d		MPa	≥5.0
	28d		MPa	≥6.8
含水率			%	≤3.0
氯离子			%	≤5.0

4. 作业条件

(1)后浇带设置的位置、形式、尺寸均符合设计要求。

(2)无设计要求时,后浇带两侧混凝土龄期已达到 42d。

(3)根据施工方案,做好技术交底工作。

(4)材料需经检验,由试验室试配提出混凝土配合比,试配的抗渗水压值比设计要求提高0.2MPa。

二、施工操作工艺

1. 工艺流程图

地下细部构造(后浇带)施工工艺流程如图2-17所示。

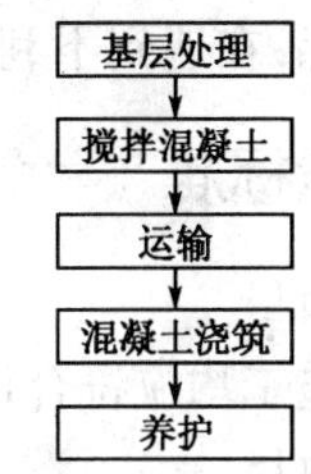

图2-17 地下细部构造(后浇带)施工工艺流程图

2. 施工操作要点

(1)基本规定。

①后浇带应在其两侧混凝土龄期达到42d后再施工。

②后浇带的接缝处理应符合规范规定。

③后浇带应采用补偿收缩混凝土,其强度等级不低于两侧混凝土。

④后浇带混凝土养护时间不得少于28d。

(2)工艺说明。

①基层处理。施工前对于两侧先浇混凝土(接缝面)用钢丝刷清理、凿毛、清洗干净,并保持湿润,根据混凝土浇筑的速度在接缝面上再涂刷一层素水泥浆,确保结合层的黏结。但每次涂刷的超前量不宜过长,以免失去结合层的作用。

②混凝土搅拌。搅拌投料顺序为:石子→砂→水泥→AEA或UEA膨胀剂→水、提料先干拌0.5~1min,加水后搅拌1~2min。混凝土搅拌前必须严格按试验室配合比通知单提高一级进行操作。每车散装水泥、砂、石必须过磅;在雨季,砂、石必须测定含水率,调整用水量。现场搅拌控制混凝土坍落度达6~8cm;商品混凝土坍落度控制在14~16cm。计量工具必须校正准确,并经法定检测单位签证认可后方可使用。

③混凝土运输。混凝土运输应保持连续均衡,间隔不应超过1.5h,夏季或运距较远时可适当掺入缓凝剂,一般掺入2.5‰~3‰木钙为宜。运输如有离析,浇筑前必须进行二次拌和。

④混凝土浇筑。为了减少混凝土的冷缩变形,混凝土施工宜选择在气温较低时施工。混凝土浇筑前,应将两侧混凝土表面凿毛,清除杂物,清洗干净并湿润,再铺一层2~3cm厚水泥砂浆(即原配合比去掉石子)并严格按施工方案确定的顺序进行浇筑,刷浆长度应根据混凝土施工的速度而铺设。

有条件时,混凝土浇筑捣固应采用二次振捣法,以提高混凝土密实性和界面的结合力。捣固时间一般以10s为宜,不应漏振或过振,使混凝土表面无浮浆、无气泡、不下沉为止。混凝土最上层表面,必须用平板振动器振动抹面,使表面密实平整。

⑤养护。后浇缝混凝土浇筑后应覆盖浇水养护,保持混凝土表面湿润养护时间至少不低于28d。

(3)应注意的质量问题。

①后浇带部位的混凝土施工不宜过早,要待后浇带两侧结构混凝土收缩变形完成后再浇筑,以免两侧混凝土的接缝处渗漏。

②浇灌前对后浇带混凝土接缝的界面局部遗留的零星模板碎片或残渣应清除干净;后浇带在底板位置处不能长时间地暴露,以免使接缝处的表面沾了泥污,严重影响新老混凝土的结合而产生两侧混凝土的接缝处渗漏。

③施工组织应符合要求,后浇带两侧上部结构浇灌混凝土的落差应基本一致。

④柔性防水材料本身性能要好。防水层的抗拉强度高,延伸率大,抗裂性好,但对温度变化不是很敏感,在遇到不利因素影响时,往往经受不住各种应力的作用而被破坏。

三、质量标准

1. 主控项目

后浇带施工均应符合设计要求,严禁有渗漏。

2. 一般项目

接缝处混凝土表面应密实、洁净、黏结牢固,不得有开裂、鼓泡和下塌现象。

四、成品保护

为了避免后浇带钢筋及两侧混凝土被坠物破坏,在其上应用木板或旧模板、竹跳板等加以复盖保护。

五、安全环保措施

与任务 1 相同,本任务不再赘述。

六、质量记录

(1)原材料(水泥、砂、石、AEA、UEA、外加剂等)的出厂质量证明文件,试验报告及现场抽样复检报告。

(2)混凝土试块试验报告。

(3)隐检工程验收记录。

(4)混凝土施工记录。

(5)砂、石含水率测定记录。

(6)其他技术文件。

(7)检验批质量验收记录。

(8)分项工程质量验收记录。

任务 6　地下细部构造(穿墙管道)施工

本任务适用于防水混凝土结构的穿墙管道细部构造施工。穿墙管道主要是为了避免浇筑混凝土完成后,再重新凿洞破坏防水层,以致形成工程渗漏水的隐患,而在浇筑混凝土前预先埋设的管道。

一、施工准备

1. 技术准备

与任务 1 相同,本任务不再赘述。

2. 主要施工机具设备

地下细部构造(穿墙管道)施工的主要施工机具设备有:电焊机、电焊条、凿子、钢丝刷、油漆刷、手动挤压枪(用于套管)、刮刀、铁桶、砂布等。

3. 材料准备

地下细部构造施工的材料要求如下。

(1)遇水膨胀橡胶腻子止水条的性能要求见表2-9。

遇水膨胀橡胶腻子止水条的性能要求 表2-9

项目	性能要求		
	PN—150	PN—220	PN—300
体积膨胀率(%)	≥150	≥220	≥300
高温流淌性(80℃×5h)	无流淌	无流淌	无流淌
低温试验(-20℃×2h)	无脆裂	无脆裂	无脆裂

(2)嵌缝材料、背衬材料、填缝材料的使用必须符合设计要求。

(3)钢管:无缝钢管其直径应符合设计要求。

4. 作业条件

(1)熟悉施工图纸,制订技术措施,落实技术岗位责任制,做好技术交底工作。

(2)钢筋、模板上道工序完成后,办理隐检、预检手续。主要检查固定模板的铁丝、螺栓是否穿过混凝土墙,如必须穿过时,应采取止水措施。特别是管道或预埋件穿过处是否做好防水处理。模板提前浇水湿润或刷脱模剂,并将模板内杂物清理干净。

(3)地下细部构造(穿墙管)的施工,应建立各道工序的自检、交接检和专职人员检查的"三检"制度,并有完整的检查记录。未经建设(监理)单位对上道工序的检查确认,不得进行下道工序的施工。

二、施工操作工艺

1. 工艺流程图

地下细部构造(穿墙管道)施工工艺流程如图2-18所示。

2. 施工操作要点

(1)基本规定。

①穿墙管止水环与主管或翼环与套管应连续满焊,并做好防腐处理。

②穿墙管处防水层施工前,应将套管内表面清理干净。

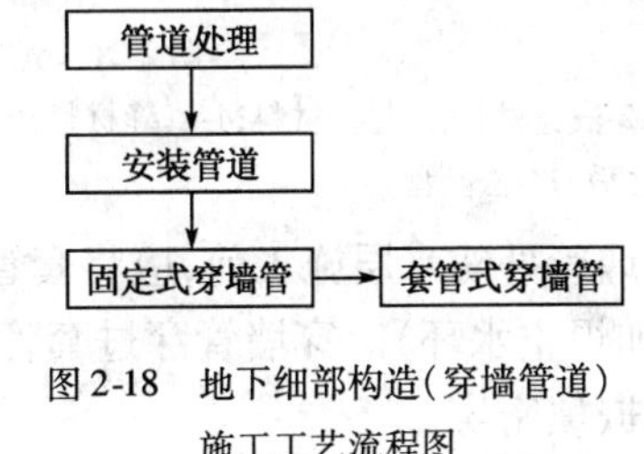

图2-18 地下细部构造(穿墙管道)施工工艺流程图

③套管内的管道安装完毕后,应在两管间嵌入背衬填料,端部用密封材料填缝。柔性穿墙内侧应用法兰压紧。

④穿墙管外侧防水层应铺设严密,不留接茬;增铺附加层时,应按设计要求施工。

(2)工艺说明及工艺过程中应注意的事项。

①管道处理。用清洁剂对管道外皮不洁净和油污处清洗干净,用钢丝刷把管道的锈迹除净,使之与混凝土黏结良好。

②安装管道。

a. 固定式穿墙管:一般结构变形或管道伸缩量较小时,穿墙管可采用主管直接埋入混凝土内的固定式防水法，并应预留凹槽，槽内用嵌缝材料嵌填密实，其防水构造如图2-19、图2-20所示。

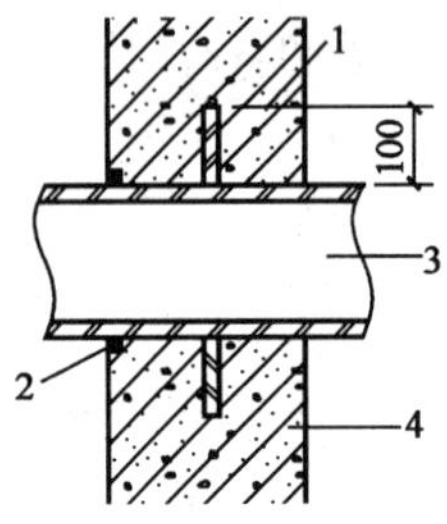

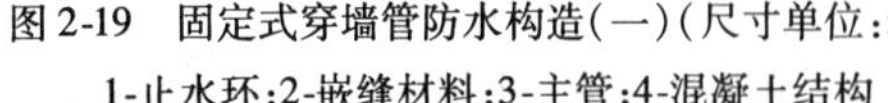

图2-19 固定式穿墙管防水构造(一)(尺寸单位:mm)

1-止水环;2-嵌缝材料;3-主管;4-混凝土结构

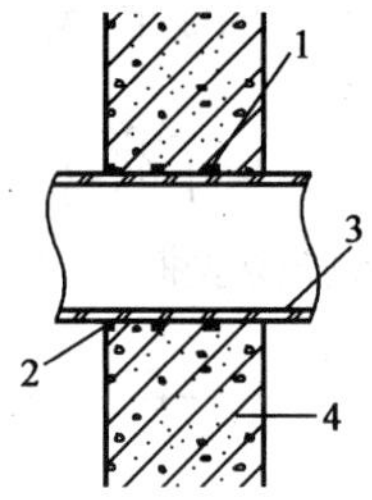

图2-20 固定式穿墙管防水构造(二)

1-遇水膨胀橡胶圈;2-嵌缝材料;3-主管;4-混凝土结构

穿墙管与内墙角、凹凸部位的距离应大于250mm，管与管的间距应大于300mm。穿墙管必须焊接止水环，要满焊密封无缝隙。采用遇水膨胀止水圈的穿墙管，管径宜小于50mm，止水圈应用胶黏剂满黏固定于管上，并应涂缓胀剂。

b. 套管式穿墙管：结构变形或管道伸缩量较大或要求更换时，应采用套管式防水法，如图2-21所示。

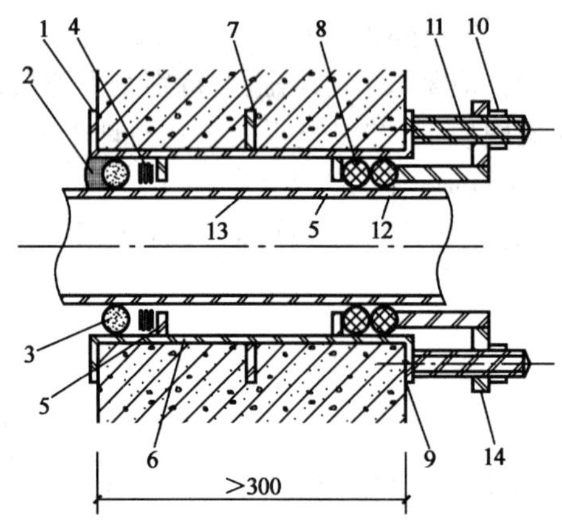

图2-21 套管式穿墙管防水构造(尺寸单位:mm)

1-翼环;2-嵌缝材料;3-背衬材料;4-填缝材料;5-挡圈;6-套管;7-止水环;8-橡胶圈;9-翼盘;10-螺母;11-双头螺栓;12-短管;13-主管;14-法兰盘

穿墙管处防水层施工前，应将套管内表面清理干净，再预埋较穿墙管径大100mm的套管(亦可加焊止水环)。穿墙管穿过套管按设计位置固定，然后将穿墙管与套管之间的缝隙用石棉水泥嵌填密实。

对热力管道穿过外墙，可采用橡胶止水套法。即先将带法兰的套管预埋在结构中(套管上加焊止水环)，在套管无法兰的一端沿管周剔槽，用素灰嵌填。安装管道时，将穿墙管穿过套管，按设计位置固定好，把橡胶止水套套入穿墙管并装在套管法兰上，用螺栓固紧，再用铁卡将橡胶止水管套箍紧固定在穿墙管道外皮，然后从无法兰的一端用石棉水泥将套管与穿墙管之间的缝隙填嵌密实，最后用刚性多层做法防水层将管周封严。此法可适应因温度引起的管道涨缩变形。

(3)应注意的质量问题。

施工时应将管道外皮油污、锈迹等除净，使之与混凝土黏结良好，并浇筑高强度等级混凝土包裹，不出现缝隙漏水。施工时，管道周围混凝土浇捣应密实，不能有蜂窝、孔洞，特别是大直径管道，可在管道底部开设浇筑振捣孔，待其底部混凝土浇捣密实后，再将孔封严。另外，对热力管道穿墙部位应处理好，不能按常温管道处理，施工时热力管道穿过内墙的部位应预留较管径大100mm的圆孔，圆孔内做好防水层；管道安装后，空隙处用麻刀石灰或石棉水泥嵌填，如热力管道穿透外墙又没有地下沟道时，为了适应管道伸缩变形和保证不漏水，可采用橡胶止水管套方法处理。

三、质量标准

1.主控项目

(1)穿墙管所用的主管、止水环、嵌缝材料、遇水膨胀橡胶圈等必须符合设计要求。

(2)穿墙管道均须符合设计要求，严禁有渗漏。

2.一般项目

(1)穿墙管止水环与主管或翼环与套管应连续满焊，并做防腐处理。

(2)密封材料应嵌填严密、黏结牢固，不得有开裂、鼓泡和下塌现象。

四、成品保护

(1)穿墙管不得有破损和变形。

(2)穿墙管预埋位置必须符合设计要求，在施工时，不得随意改动和变位。

五、安全环保措施

与任务1相同，本任务不再赘述。

六、质量记录

(1)主管、止水环、嵌缝材料、遇水膨胀橡胶圈等出厂合格证、质量检验报告。

(2)穿墙管道隐蔽记录。

(3)检验批质量验收记录。

任务7　地下细部构造(埋设件)施工

本任务适用于防水混凝土结构的埋设件细部构造施工。埋设件是为了避免破坏工程的防水层，在浇筑混凝土前而预留或预埋的铁件、螺栓等。

一、施工准备

1.技术准备

与任务1相同，本任务不再赘述。

2.主要施工机具设备

地下细部构造(埋设件)施工主要施工机具设备有：电焊机、电焊条、钢丝刷等。

3.材料准备

要求埋设件所使用的材料必须符合设计要求。

4. 作业条件

与任务 1 相同,本任务不再赘述。

二、施工操作工艺

1. 工艺流程图

地下细部构造(埋设件)施工工艺流程如图 2-22 所示。

2. 施工操作要点

(1)基本规定。

①埋设件端部或留孔(槽)底部的混凝土厚度不得小于 250mm;当厚度小于 250mm 时,必须局部加厚或采取其他防水措施。

②预留地坑、孔洞、沟槽内的防水层,应与孔(槽)外的结构防水层保持连续。

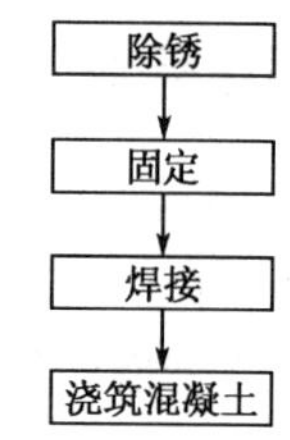

图 2-22 地下细部构造(埋设件)施工工艺流程图

③固定地模板用的螺栓必须穿过混凝土结构时,螺栓或套管应满焊止水环;采用工具式螺栓或螺栓加堵头做法,拆模后应采取加强防水措施,将留下的凹槽封堵密实。

(2)工艺说明。

①除锈。

在预埋铁件、螺栓、锚栓等时,要先用钢丝刷把铁皮的锈迹除净,用清洁剂清洗预埋件上的污渍,加强与混凝土的黏结。

②埋设件安装。

在安装预埋时,先把预埋件牢固固定在设计位置上,对焊接部位进行严密满焊,对于无法避免的有振动的预埋件,应事先制成混凝土预制件,表面做防水处理,然后固定于预留的位置,再与混凝土浇筑成一个整体。

固定设备用的锚栓等预埋件,应在浇筑混凝土前埋入。如必须在混凝土中预留锚孔时,预留孔底部须保留至少 150mm 厚的混凝土。当预留孔底部的厚度小于 150mm 时,应采取局部加厚措施。

为了使预埋件稳固,可采取预埋固定架方法。对于一些预埋铁件、预埋螺栓、预留孔洞等,往往需要从混凝土垫层上焊接固定架加以固定,而固定架如果不采取止水措施,也容易引起地下水沿固定架往室内渗透。因为这种渗透是地下水在压力作用下顺着固定架垂直向上往室内渗透,因而不易被人们所注意。因此,在焊接固定架时,在固定架的立杆上边必须加设止水板,拆模后在立杆周围凿出混凝土坑,割掉立杆后,用 1:2水泥砂浆将小坑修补平整,这样就可以防止固定架渗水问题的发生,如图 2-23 所示。

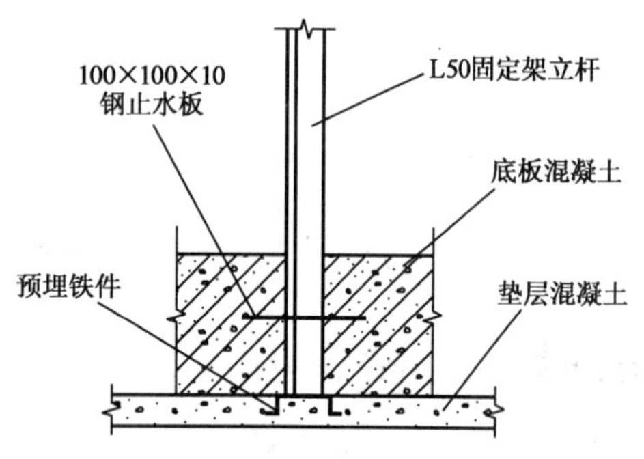

图 2-23 固定架止水板示意图(尺寸单位:mm)

③在地下防水混凝土结构中,电源线路以明线为宜,尽量不用或少用暗线,以减少结构的渗漏水通道。如采用暗线时,必须保证接头严密。穿线管必须采用无缝管,确保管内不进水。

(3)应注意的质量问题。

①预埋件安装前应将锈皮或油渍清除干净,使

之与混凝土黏结良好。预埋件周围的混凝土应浇捣密实,不能有蜂窝、孔洞,以免同混凝土毛细孔连通,引起漏水。

②预埋件固定要牢固,以免在受外力碰撞或振动时产生松动,与混凝土之间形成缝隙。预埋件稠密处,应改用相同强度等级的细石混凝土将预埋件周围浇捣密实,要注意同相邻混凝土筑成整体、不留施工缝;对承受振动的预埋件,应先埋设在混凝土预制块中,预制块周围抹好防水抹面,然后按设计位置将混凝土预制块稳牢,再在周围浇筑结构混凝土。因受振动而致预埋件周边出现渗漏水,可将预埋件拆出,除去黏连的混凝土及浮灰,并将其表面锈污清干净,再将预埋件浇筑在混凝土预制块中,预制块周围抹好防水抹面。在从结构中拆出的预埋件部位,凿成比预制块稍大的凹槽,并用快凝砂浆将预制块周围缝隙充分填实。待快凝砂浆硬化并具有一定强度后,即沿四周缝隙用快凝水泥浆胶严密堵塞,再用素灰嵌填密实,最后以刚性多层作法防水层封严。

三、质量标准

1. 主控项目

埋设件必须符合设计要求,严禁有渗漏。

2. 一般项目

埋设件必须固定牢靠,并加强对埋设件周围混凝土的振捣。

四、成品保护

(1)埋设件不得有破损和变形,不得随意改动和变位。

(2)施工中和使用中,加强对埋设件的保护,避免受振松动、碰撞。

五、安全环保措施

与任务1相同,本任务不再赘述。

六、质量记录

(1)埋设件必须符合设计要求,有出厂合格证、质量检验报告和进场检验报告。

(2)埋设件的隐蔽验收记录。

(3)检验批质量验收记录。

子情境2　防水卷材施工

一、防水卷材定义与分类

(1)防水卷材是在工厂里生产出的具有一定厚度的片状防水材料,这种防水材料加工成一定的长度后成卷出厂,其有一定的柔性,通常把可以卷曲的片状材料称为防水卷材。

(2)通常情况下,防水卷材根据所用基料的不同,分为三大类:一类是以沥青为基本原料的沥青防水卷材;一类是以高聚物改性沥青为基本原料的高聚物沥青防水卷材;一类是以合成高分子材料为基本原料的合成高分子防水卷材。

防水卷材的性能特点已在《建筑施工材料取样与检测》课程中讲述，这里不再重复。

二、卷材防水层防水方法

地下卷材防水层的做法是根据水侵入的方向来区分的，有外防水法和内防水法两种。下面分别介绍两种方法的做法及特点。

1. 外防水法

外防水法是将卷材防水层粘贴在地下结构的迎水面上，与防水结构层共同形成地下结构物，用来抵御地下水向结构物内部渗漏和侵蚀。这种防水层位于地下结构的外表面，所以称为“外防水法”。外防水法是地下工程中最常用的一种方法，其具体结构及做法如图2-24所示。

2. 内防水法

将卷材防水层粘贴在地下结构的背水面，即结构的内表面上。这种防水层不能直接阻隔地下水对结构内部的浸泡和抵抗水的压力，卷材防水层承受荷载的能力较小，要与结构层共同承受荷载。因此，必须在卷材防水层内表面加做刚性内衬层，以压紧卷材防水层，增强抵抗水压的能力。这种防水层位于结构内表面，所以称为“内防水法”。目前，这一方法在工程中较少采用，其具体结构如图2-25所示。

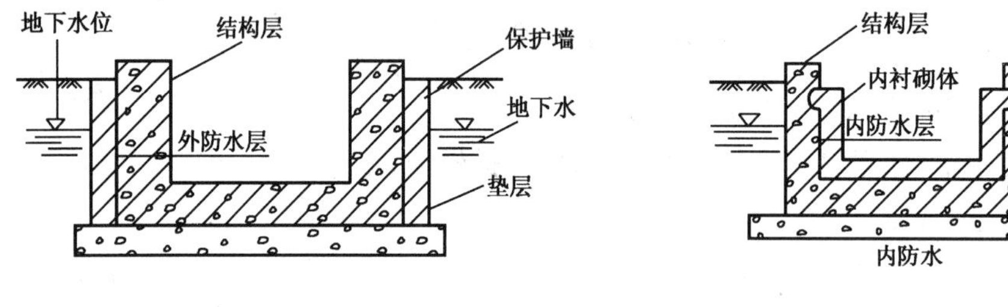

图2-24　外防水法示意图　　　图2-25　内防水法示意

3. 内、外防水法的特点

外防水法能防止地下水渗入结构层，保证结构的耐久性。但基坑回填后，一旦发现渗漏现象，维修困难，所以对卷材防水层的施工质量要求严格。

内防水法能够在后期施工如结构层发生质量问题时，可以及时修补，卷材防水铺贴也比较方便。但结构等受地下水浸泡会影响耐久性，当地下室内墙较多时，总的防水面积比外防水大。目前，此法只用于施工条件受限制的人防、隧道及特种工业的地下工程。

三、外防水法的结构

外防水法根据保护墙施工的先后及卷材的铺贴位置，又分为外防外贴法和外防内贴法。这两种方法都能起到较好的防水效果，但又有各自的优缺点，见表2-10。

外防水外贴法是先进行防水结构的主体施工，然后将卷材防水层铺贴在防水结构的外表面，再砌永久性保护墙，如图2-26所示。

外防水内贴法是在地下垫层施工完毕后，先砌永久性保护墙，然后铺贴卷材防水层，最后进行结构主体施工，如图2-27所示。

地下卷材铺贴方法比较　表 2-10

项　目	外　贴　法	内　贴　法
渗漏试验	防水层做完后即可进行试验，而且修补比较容易	防水层做完后，不能立即进行试验，待整个结构体施工完毕后，方可进行试验。如果发生渗漏，修补困难
卷材铺贴情况	预留的卷材甩槎接头不易保护好；底板与立面相交转角处易受损，操作困难，甩槎卷材不易逐层分开	底板平面与里面卷材防水层可以一次铺贴完毕，转角处总量较容易铺贴好
工期	工期稍长	工期较短
施工条件	需有一定的工作面，四周需无相邻建筑物	四周有无建筑物均可施工
土方量	土方量较大	土方量较小
混凝土质量	浇筑混凝土时，卷材防水层不易损坏，检查混凝土质量比较方便，容易处理，但模板量大	浇筑混凝土时，容易损坏卷材防水层，混凝土总量不宜检查，不宜处理，但可节约大量模板

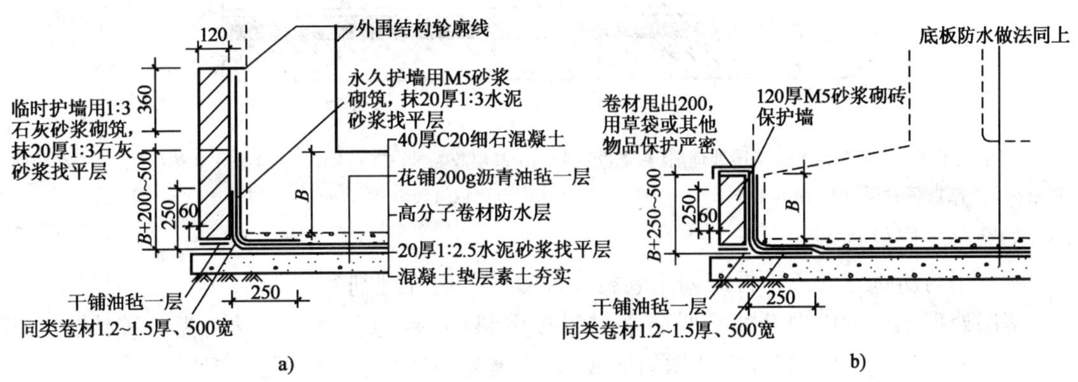

图 2-26　外防水外贴法做法示意图（尺寸单位：mm）

四、卷材防水主要施工方法

1. 卷材冷黏法施工

冷黏法是采用与卷材配套的专用冷胶翻剂黏铺卷材而无需加热的施工方法，主要用于铺贴合成高分子防水卷材。

冷黏法可以采用满黏、条黏、点黏、空铺等施工方法，底板垫层、混凝土平面部位的卷材宜采用点黏或空铺，其他部位应采用满黏法。现以三元乙丙橡胶防水卷材为例介绍冷黏法施工要点，其他品种卷材配套冷胶黏剂进行冷黏法施工可参照此做法。

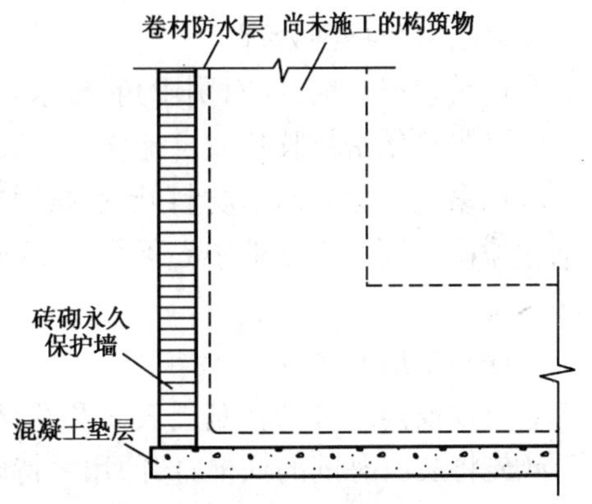

图 2-27　外防水内贴法做法示意图

（1）基层要求及处理。

①基层必须牢固，无松动、起砂等缺陷。基层表面应平整洁净、均匀一致。

②必须将凸出基层表面的异物、砂浆疙瘩等铲除，并将尘土杂物清除干净，最好用高压空气进行清理。阴阳角、管道根部等处更应仔细清理，若

有油污、铁锈等,应以砂纸、钢丝刷、溶剂等清除干净。

③基层若高低不平或凹坑较大时,应用掺加108胶(占水泥质量的15%)的1:3水泥砂浆抹平。

④基层与变形缝或管道等相连接的阴角应做成均匀一致、平整光滑的折角或圆弧。

⑤基层应干燥,含水率宜小于9%。测定方法是:将1m见方的三元乙丙橡胶卷材覆盖在基层表面上,静置2~3h,若覆盖处的基层表面无水印,且紧贴基层一侧的卷材亦无凝结水痕,即认为基层含水率小于9%。

⑥排水口、地漏应低于基层;有套管的管道部位应高于基层表面不少于20mm。

(2)单层卷材防水层的施工。

单层卷材防水层的构造如图2-28所示。

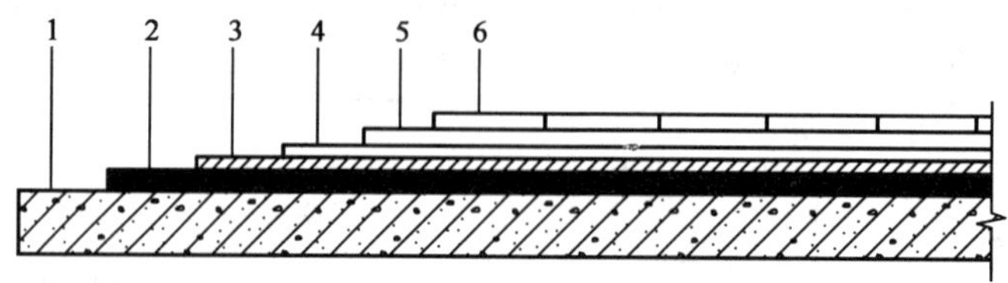

图2-28 单层卷材防水层构造

1-基层(混凝土或水泥砂浆层);2-基层处理剂(聚氨酯底胶);3-基层胶黏剂(CX—404胶);4-防水主体(三元乙丙橡胶防水卷材);5-刚性结合层(108胶水泥砂浆);6-刚性保护层(水泥方砖或缸砖)

①涂布基层处理剂。

应使用与所选三元乙丙橡胶防水卷材相配套的基层处理剂。

基层处理剂一般以聚氨酯涂膜防水材料按甲料(黄褐色胶体):乙料(黑色胶体):二甲苯=1:1.5:3的配合比,配合搅拌均匀即成,称为聚氨酯底胶。

先用油漆刷沾底胶在阴角、管道根部等复杂部位均匀涂刷1遍,再用长把滚刷进行大面积涂布,要涂布均匀,不得过厚或过薄,更不得漏涂露底。

底胶涂后要干燥4h以上,方可进行下道工序施工。

基层处理剂的另一种涂布做法是用喷浆机喷涂含固量为40%、pH值为4、黏度为0.01Pa·s的阳离子氯丁胶乳,要求厚薄均匀,但须经12h左右(视施工温、湿度而定)干燥,方可进行下一工序施工。

当基面较潮湿时,应涂刷湿固化型胶黏剂或潮湿界面隔离剂。

②复杂部位增强处理。

在铺贴卷材之前,应对阴阳角、排水口、管道等薄弱部位做增强处理,方法有以下两种:

a.以非硫化密封胶片或自硫化密封胶片粘贴作为加强层。

b.以聚氨酯涂膜防水材料处理:按甲料:乙料=1:1.5的比例配合搅拌均匀,涂刷在细部周围。涂刷宽度应距细部中心不小于20cm,涂刷厚度约为2mm。涂刷后24h方可进行下一道工序的施工。

③涂布基层胶黏剂。

卷材铺设前应分别在基层表面及卷材表面涂布基层胶黏剂。操作方法如下:

a.先将装胶黏剂的铁桶打开,用手持电动搅拌器或木棍将胶搅拌均匀,然后分别在基层表面及卷材表面进行涂布。具体做法是将卷材展开平铺在干净的基层上,用长把滚刷沾满胶黏剂迅速而均匀地进行涂布(接头处10cm内不涂胶),不得漏涂露底,不允许有凝聚胶块存在。

基层的涂布亦按上述方法进行，要注意不得在同一处反复涂刷，以免“咬”起底胶，形成凝胶。复杂部位滚刷不便施工，可用油漆刷涂刷。

b. 涂布胶黏剂后，需静置 10 ~ 20min，待胶膜基本干燥（以手感不黏手为准）时，将卷材用原纸筒芯重新卷起，要注意两端平直，不得有褶皱，并防止黏上砂子或尘土等污物。

④铺设卷材。

a. 在坡面上，卷材的长边应垂直于排水方向，且沿排水的反方向顺序铺贴。

b. 在转角处及立面上，卷材应自下而上进行铺贴。

c. 按预先量好的卷材尺寸扣除搭接宽度，在铺贴面弹线标明。

d. 在涂布完基层胶黏剂而重新卷好的卷材筒中心，插入 1 根直径为 30mm、长 1.5m 的铁管，两人分别手执铁管两端，先将卷材一端粘贴固定在起始部位，然后沿弹好的标准线铺展卷材（不要拉得太紧），并每隔 1m 对准标准线将卷材粘贴一下（一般需两人专门做对线工作），注意不要拉伸卷材，不得使卷材褶皱。每铺完 1 张卷材应立即用干净而松软的长把滚刷从卷材一端开始沿卷材横向用力滚压 1 遍，以排除黏结层之间的空气。

排除空气之前不要踩踏卷材。排除空气后用压辊沿整个黏结面用力滚压，大面积可用外包橡胶的大铁辊滚压。

e. 立面铺贴应先根据高度将卷材裁好，当基层与卷材表面的胶黏剂达到要求的干燥度后，即将卷材松弛地反卷在纸筒芯上，胶结面朝外，由两个人手持卷芯两端，借助两端的梯子或架子自下而上地进行铺贴，另一个人站在墙下的底板上用长柄压辊黏铺卷材并予以排气，排气时先滚压卷材中部，再从中部斜向上往两边排气，最后用手持压辊将卷材压实黏牢。

应指出的是，立面卷材不宜自上而下垂挂丈量剪裁，这将使上部卷材受拉绷紧。尽管仍自下而上铺贴，但受拉卷材在使用过程中容易加速老化而影响防水层质量。

立面铺贴卷材还应注意保护好已铺卷材不受损坏，以及避免人身安全事故的发生，架子或梯子两端应用橡皮包裹，以防打滑和压破卷材。

⑤卷材搭接缝及收头处理。

卷材搭接缝及收头是防水层密封质量的关键，因此，需以专用的接缝胶黏剂及密封膏进行处理。此外，地下工程卷材搭接缝必须做附加补强处理。具体做法如下：

卷材接缝搭接宽度为 100mm。在粘贴卷材时，先将搭接部分每隔 50 ~ 100mm 以胶黏剂临时固定，大面积卷材铺好后即粘贴卷材搭接缝，用丁基橡胶胶黏剂的 A 组分∶B 组分 = 1∶1 配合搅拌均匀，再用油漆刷将配好的胶黏剂均匀涂刷在翻开的卷材接头的两个黏结面上（涂胶量以 0.5 ~ 0.8kg/m 为宜），然后干燥 20 ~ 30min，待手感不黏手时即可黏合。从一端开始，边压合边驱除空气，使之无气泡及褶皱存在，最后再用手持小铁辊顺序用力滚压 1 遍，然后再用丁基橡胶胶黏剂或其他专用胶黏剂沿卷材搭接缝骑缝粘贴 1 条宽 120mm 的卷材胶条，用手持压辊滚压使其粘贴牢固。卷材胶条两侧边用双组分聚氨酯密封膏或单组分氯磺化聚乙烯密封膏予以密封。在其他部分的卷材三层重叠之处必须以聚氨酯密封膏予以封闭。

卷材收头处理：卷材收头必须用聚氨酯嵌缝膏封闭，封闭处固化后，在收头处再涂刷一层聚氨酯涂膜防水材料，在其尚未完全固化时，即可用 108 胶水泥砂浆（水泥∶砂∶108 胶 = 1∶3∶0.2）压缝封闭。

⑥保护层施工。

卷材防水层经检查质量合格后，即可做保护层。下面介绍几种做法，可根据工程需要选用。

a. 细石混凝土保护层,适宜平面、坡面使用。先以氯丁系胶黏剂(如 404 胶等)花黏虚铺一层石油沥青纸胎油毡作保护隔离层,再在油毡隔离层上筑 40 ~ 50mm 厚的细石混凝土。浇筑混凝土时不得损坏油毡隔离层和卷材防水层。否则,必须及时用卷材接缝胶黏剂补黏一块卷材修补牢固,再继续浇筑细石混凝土。

b. 水泥砂浆保护层,适宜立面使用。在三元乙丙等高分子卷材防水层表面涂刷胶黏剂,以胶黏剂撒一层细砂,并用压辊轻轻滚压使细砂黏牢在防水层表面,然后再抹水泥砂浆保护层,使之与防水层能黏结牢固,起到保护立面卷材防水层的作用。

c. 泡沫塑料保护层,适用于立面。在立面卷材防水层外侧用氯丁系胶黏剂直接粘贴 5 ~ 6mm 厚的聚乙烯泡沫塑料板作保护层。也可以用聚酯酸乙烯乳液粘贴 40mm 厚的聚苯泡沫塑料作保护层。

由于这种保护层为轻质材料,故在施工及使用过程中均不会损坏卷材防水层。

d. 砖墙保护层,适用于立面。在卷材防水层外侧砌筑永久保护墙,并在转角处及每隔 5 ~ 6m 处断开,断开的缝中填以卷材条或沥青麻丝;保护墙与卷材防水层之间的空隙应随时以砌筑砂浆填实。要注意在砌砖保护墙时,切勿损坏已完工的卷材防水层。

(3)涂膜卷材复合防水层的施工。

涂膜卷材复合防水层的构造如图 2-29 所示。

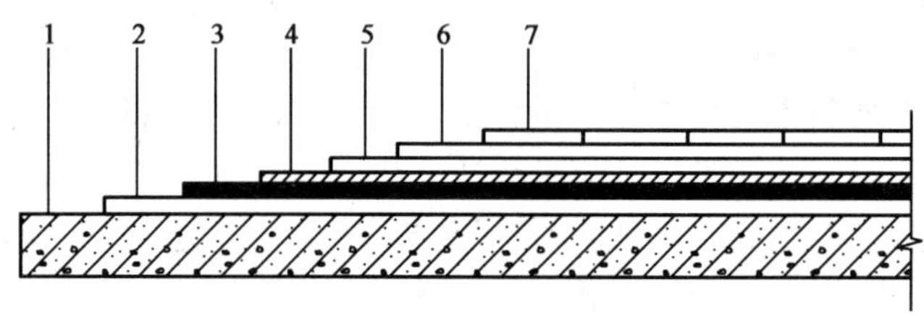

图 2-29　涂膜卷材复合防水层构造

1-基层(混凝土或水泥砂浆层);2-基层处理剂(聚氨酯底胶);3-防水主体(一)(聚氨酯涂膜防水材料);4-胶黏剂;5-防水主体(二)(三元乙丙橡胶防水卷材);6-刚性结合层(108 胶水泥砂浆);7-刚性保护层(缸砖或水泥方砖)

①涂布聚氨酯底胶,其方法同单层卷材防水层。

②聚氨酯涂膜防水层施工。将聚氨酯涂膜防水材料的两个组分按甲∶乙∶二甲苯 = 1∶0.5∶0.2的比例配合搅拌均匀,用橡皮刮板将其涂刮在基层上。要求涂刮均匀一致,厚度一般约 2mm 为宜。若涂得过薄,则应在涂膜固化后再涂一层。涂刮后在 24h 以内固化,然后实施下道工序。

③其他施工方法与单层卷材防水层相同。

(4)冷黏法施工注意事项。

①与卷材配套的胶黏剂(如基层胶黏剂、卷材搭接胶黏剂等)性能不同,不能混用,而应专用。

这主要是因为卷材与卷材之间的黏结力要求高于与基层的黏结力。

②卷材铺贴质量同涂刷胶黏剂和粘贴时间有密切关系。因此要求必须涂刷均匀,而且涂刷速度不宜太慢;涂完胶黏剂与黏铺卷材的间隔时间一定要掌握好,这就要准确判断胶黏剂涂刷后的干燥程度。

③高分子卷材及其配套辅助材料多属易燃物,进场后应放在通风干燥的仓库;仓库及施工

现场均应严禁烟火，且须备有消防器材。

④每次用完的机具须及时用有机溶剂（如二甲苯等）清洗干净，以便再用。

⑤注意保护好已完工的卷材防水层。

⑥做好劳动防护及安全工作。

2. 卷材热熔法施工

热熔法是以专用的加热机具将热熔型卷材底面的热熔胶加热熔化而使卷材与基层或卷材与卷材之间进行黏结的施工方法。

热熔型卷材在工厂生产过程中就在其底面涂有一层软化点较高的改性沥青热熔胶，只需将它熔融即可进行黏铺，无须涂刷胶黏剂和掀剥隔离纸，因此，施工也较简便，一般不受温度和湿度的影响，可在较低气温下，以及雾、露、霜天气施工。由于热熔胶是在熔融状态下黏结，所以卷材粘贴也较牢固。

热熔法施工的关键技术是烘烤热熔胶，要把握烘烤温度和烘烤时间，温度不够、时间短，热熔胶不能熔融；温度太高、时间过长，易将卷材烤坏，均会影响卷材防水层的质量。因此，熟练掌握烘烤技术，使烘烤恰到好处是十分重要的。

热熔法施工可以满黏、条黏。现以 SBS 改性沥青防水卷材为例，将热熔法施工要点介绍如下：

（1）基层要求及处理。

参见前述“卷材冷黏法施工”的相关内容。

（2）涂刷基层处理剂。

在已经处理好的基层上涂刷基层处理剂，用长柄滚刷将基层处理剂涂刷在基层表面，要涂刷均匀，不得漏刷或露底。基层处理剂涂刷完毕，必须经过 8h 以上达到干燥程度方可施行热熔法施工，以避免失火。

（3）细部附加增强处理。

对于阴阳角、管道根部以及变形缝等部位应做增强处理。方法是先按细部形状将卷材剪好，不要加热，在细部贴一下，视尺寸、形状合适后，再用手持汽油喷灯烘烤卷材的底面（有热熔胶的一面），待其底面呈熔融状态时，立即粘贴在已涂刷一道密封材料的基层上，并压实铺牢。

（4）弹粉线。

在已处理好并干燥的基层表面，按照所选卷材的宽度留出搭接缝尺寸，将铺贴卷材的基准线弹好，以便按此基准线进行卷材铺贴施工。

（5）热熔铺贴卷材。

大面积满黏以“滚铺法”为佳，先铺黏大面，后黏结搭接缝，这种方法可以保证卷材铺贴质量，用于卷材与基层及卷材搭接缝一次熔铺。

条黏则可采用“展铺法”，即将热熔型卷材展开平铺在基层上，然后沿卷材周边掀起，加热熔融进行黏铺。

（6）热熔法施工注意事项。

①热熔法同材性的关系。高聚物改性沥青防水卷材各品种的改性基料成分有所不同，因此软化点、熔融度及熔化速度亦不同。施工人员对所选卷材应进行探索试验，调节火焰距离及烘烤时间，观察卷材底面热熔胶的熔融状态以及铺贴后卷材的粘贴强度，积累经验后用于大面积施铺。

②烘烤温度对卷材的影响。以液化石油气为热源的火焰喷枪，当喷嘴全部开放时，火焰的端部温度为1 300℃左右，火焰中心的温度为1 100℃左右，调节喷枪开关可将温度降至800～1 000℃。在这样的高温下实施热熔法施工，要求在对卷材材性了解的基础上熟练掌握持枪熔烤技术。这里应特别强调一点，即对热熔型卷材高温烘烤的瞬时性，卷材的改性混合基料中的石油沥青已经过高温处理，其沥青胶质对混合基料中的橡胶或树脂可起到保护作用，因此瞬时高温不会影响卷材性能；高温对不同的胎基影响也不同，对无纺聚酯布胎基，温度达130℃时其伸长变形即可超限而失去增强作用。而玻纤胎却不受此限，而对SBS、APP改性基料瞬间接触260℃高温亦不致破坏材性。因此，可以说在一定条件下，高温不致影响卷材的材性。

③常温下，正确施工的热熔型卷材防水层，其黏结强度可大于0.5MPa，可满足质量要求。但在低温下施工，热熔胶冷却快，往往影响黏铺质量，这就需要有丰富的经验和熟练的操作技术，必要时可同时使用两把火焰喷枪（或喷灯）进行加热操作，以使热熔胶熔融均匀，保证黏铺质量。

④采用热熔法施工，在点火时以及在烘烤施工中，火焰喷嘴严禁对着人。特别是立墙卷材热熔施工时，更应注意施工安全，亦应佩戴防护用品。

⑤施工现场应清除易燃物及易燃材料，并备有灭火器等消防器材。消防道路要畅通。

⑥施工使用的易燃物及易燃材料应储放在指定处所，并有防护措施及专人看管。

⑦出现六级以上大风时，应停止热熔施工。

⑧汽油喷灯、火焰喷枪，以及易燃品等，下班后必须放入有人管理的指定仓库。

任务1　地下改性沥青油毡（SBS）防水卷材施工

本任务适用于高聚物改性沥青油毡地下防水层工程施工。

一、施工准备

1. 技术准备

（1）人力资源保证，包括项目经理、技术负责人、施工员、质检员、安全员、材料员、资料员、检测员、开机工、起重工、电工、泥工、防水工。

（2）熟悉图纸，制订施工方案和一切规章管理制度。

2. 主要施工机具设备

主要施工机具设备包括：平铲、棕笤帚、卷尺、剪刀、粉线、刷子、滚筒、大桶、小桶、油漆刷、钢管、手持压辊、铁抹子、手持汽油喷灯、液化气火焰喷枪。

3. 材料准备

（1）高聚物改性沥青油毡防水卷材，其规格如表2-11所示。

高聚物改性沥青油毡防水卷材规格　　表2-11

厚度（mm）	宽度（mm）	长度（mm）
2.0	≥1 000	20
3.0	≥1 000	10
4.0	≥1 000	10
5.0	≥1 000	10

(2)高聚物改性沥青防水卷材技术性能见表2-12。

高聚物改性沥青防水卷材主要技术性能 表2-12

<table>
<tr><th colspan="2" rowspan="2">项　目</th><th colspan="3">性 能 要 求</th></tr>
<tr><th>聚酯毡胎体卷材</th><th>玻纤毡胎体卷材</th><th>聚乙烯膜胎体卷材</th></tr>
<tr><td rowspan="2">拉伸性能</td><td>拉力(N/50mm)</td><td>≥800(纵、横向)</td><td>≥500(纵向)
≥300(横向)</td><td>≥140(纵向)
≥120(横向)</td></tr>
<tr><td>最大拉力时延伸率(%)</td><td>≥40(纵、横向)</td><td>—</td><td>≥250(纵、横向)</td></tr>
<tr><td rowspan="2">低温柔度(℃)</td><td colspan="4">-15</td></tr>
<tr><td colspan="4">3mm厚,r=15mm;4mm厚,r=25mm;3s,弯180°,无裂纹</td></tr>
<tr><td>不透水性</td><td colspan="4">压力0.3MPa,保持时间30min,不透水</td></tr>
</table>

(3)配套材料要求。

氯丁橡胶沥青胶黏剂:为氯丁橡胶加入沥青及熔剂配制而成的黑液体(用于油毡接缝的黏结)。

橡胶沥青乳液:用于卷材黏结。

橡胶沥青嵌缝膏:用于特殊部位,管根、变形缝等处的嵌固密封。

基层处理剂:氯丁橡胶沥青胶黏剂和工业汽油混合稀释搅拌均匀,其质量比为1:0.5。

汽油、二甲苯等:用于清洗工具及污染部位。

4.作业条件

(1)作业条件:施工前审核、熟悉图纸,编制防水工程施工方案,并进行有针对性的技术交底,操作人员要持证上岗。

(2)铺贴防水层的基层必须按设计施工完毕,并经养护干燥后,含水率不大于9%(测定方法:将1m见方的改性沥青油毡SBS覆盖在基层表面上静置2~3h,若覆盖处的基层表面无水印,且紧贴基层一侧的卷材无凝结水痕,即为基层含水率小于9%),基层应平整、牢固,不空鼓开裂,无脱皮等现象。

(3)防水层施工涂底胶前(冷底子油),应将基层表面清理干净。

(4)施工用材料均易燃,因而应准备相应的消防器材。

二、施工操作工艺

1.施工工艺流程图

地下改性沥青油毡(SBS)防水卷材施工工艺流程如图2-30所示。

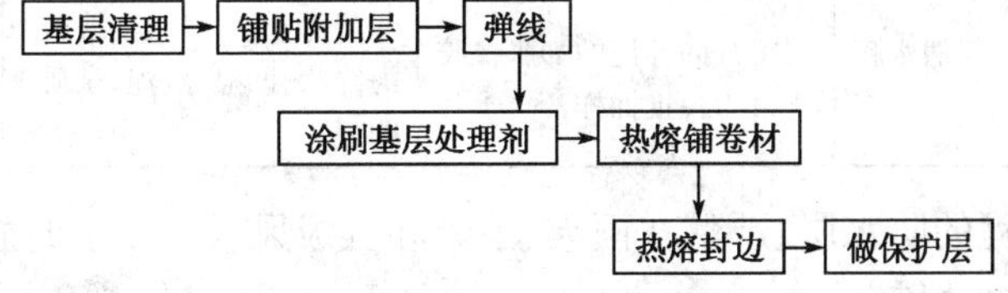

图2-30 地下改性沥青油毡(SBS)防水卷材施工工艺流程图

2.施工操作要点

(1)基本规定。

①卷材防水工程施工前,施工单位应进行图纸会审,掌握工程主体及细部构造的防水技术

要求，并编制防水工程施工方案。

②卷材防水工程的施工，应建立各道工序的自检、交接检和专职人员检查的“三检”制度，并有完整的检查记录。未经建设（监理）单位对上道工序的检查确认，不得进行下道工序的施工。

③卷材防水工程所使用的防水材料，应有产品的合格证书和性能检测报告，材料的品种、规格、性能等应符合现行国家产品标准和设计要求。

对进场的防水材料应按规定抽样复验，并提出试验报告；不合格的材料不得在工程中使用（表2-13）。

建筑防水工程材料现场抽样复验　　表2-13

序号	材料名称	现场抽样数量	外观质量检验	物理性能检验
1	高聚物改性沥青防水卷材	大于1 000卷抽5卷，每500～1 000卷抽4卷，100～499卷抽3卷，100卷以下抽2卷，进行规格尺寸和外观质量检验。在对卷材作外观质量检验时，任取一卷作物理性能检验	断裂、皱褶、孔洞、剥离、边缘不整齐，胎体露白、未浸透，撒布材料粒度、颜色，每卷卷材的接头	拉力，最大拉力时延伸率，低温柔度，不透水性
2	合成高分子防水卷材	（同1）	折痕、杂质、胶块、凹痕，每卷卷材的接头	断裂拉伸强度，扯断伸长率，低温弯折，不透水性
3	沥青基防水涂料	每工作班生产量为一批抽样	搅匀后分散在水溶液中，无明显沥青丝团	固含量，耐热度，柔性，不透水性
4	无机防水涂料	每10t为一批，不足10t按一批抽样	包装完好无损，且标明涂料名称，生产日期，生产厂家，产品有效期	抗折强度，黏结强度，抗渗性
5	有机防水涂料	每5t为一批，不足5t按一批抽样	（同4）	固体含量，拉伸强度，断裂延伸率，柔性，不透水性
6	胎体增强材料	每3 000m^2为一批，不足3 000m^2按一批抽样	均匀，无团状，平整，无褶皱	拉力，延伸率
7	改性石油沥青密封材料	每2t为一批，不足2t按一批抽样	黑色均匀、膏状，凝结块和未浸透的填料	低温柔性拉伸黏结性，施工度
8	合成高分子密封材料	（同7）	均匀膏状物，无结皮、凝结或不易分散的固体团块	拉伸黏结性，柔性
9	高分子防水止水带	每月同标记的止水带产量为一批抽样	尺寸公差；开裂，缺胶，海绵状，中心孔偏心；凹痕，气泡，杂质，明疤	拉伸强度，扯断伸长率，撕裂强度
10	高分子防水材料遇水膨胀橡胶	每月同标记的膨胀橡胶产量为一批抽样	尺寸公差；开裂，缺胶，海绵状；凹痕，气泡，杂质，明疤	拉伸强度，扯断伸长率，体积膨胀倍率

④卷材防水工程的防水层，严禁在雨天、雪天和五级风及其以上时施工，其施工环境、气温条件宜符合表2-14的规定。

卷材防水层施工环境气温条件　　表2-14

防水层材料	施工环境气温
高聚物改性沥青防水卷材	冷黏法不低于5℃，热熔法不低于10℃
合成高分子防水卷材	冷黏法不低于5℃，热风焊接法不低于10℃

⑤涂料防水工程应按工程设计的防水等级标准进行验收。

(2)施工工艺说明。

①基层清理。施工前将验收合格的基层清理干净。

②涂刷基层处理剂。在基层表面满刷一道用汽油稀释的氯丁橡胶沥青胶黏剂,涂刷应均匀,不透底。基层处理剂涂刷完毕后,必须经 8h 以上达到干燥程度方可进行热熔施工。

③铺贴附加层。管根、阴阳角部位加铺一层卷材,按规范及设计要求,将卷材裁成相应的形状进行铺贴。

④铺贴卷材。将改性沥青防水卷材按铺贴长度进行裁剪并卷好备用,操作时将已卷好的卷材,用 ϕ30 的管穿入卷芯,卷材端头比齐开始铺的起点,点燃汽油喷灯或专用火焰喷枪,加热基层与卷材交接处,喷枪距加热面保持 300mm 左右的距离,往返喷烤、观察,当卷材的沥青刚刚熔化时,手扶管芯两端向前缓缓滚动铺设,要求用力均匀,不窝气,铺设压边宽度应掌握好,两幅卷材短边和长边的搭接宽度均不应小于 100mm。采用分层卷材时,上、下两层和相邻两幅卷材的接缝应错开 1/3 幅宽,且两层卷材不得相互垂直铺贴。

⑤热熔封边。卷材搭接缝处用喷枪加热,压合至边缘挤出沥青粘牢,卷材末端收头用橡胶沥青嵌缝膏嵌固填实。

⑥保护层施工。卷材防水层完工并经验收合格后,应及时做保护层。保护层应符合下列规定:

a. 底板的细石混凝土保护层与防水层之间宜设置隔离层;

b. 底板的细石混凝土保护层厚度应大于 50mm;

c. 侧墙宜采用聚苯乙烯泡沫塑料保护层,或砌砖保护墙(边砌边填实)和铺抹 30mm 厚水泥砂浆。

(3)应注意的质量问题。

①卷材搭接施工操作中应按程序弹控制线,使其与卷材规格相符。操作中齐线铺贴,两幅卷材短边和长边的搭接宽度均不应小于 100mm。采用分层卷材时,上、下两层和相邻两幅卷材的接缝应错开 1/3 幅宽,且两层卷材不得相互垂直铺贴,接头处的黏结应密实,接槎不能损坏、空鼓。

②施工时基层应充分干燥,卷材铺设应均匀压实,铺贴卷材时基层应平整、洁净,避免产生基层与卷材间窝气及排气不彻底而产生空鼓。

③管根处进行防水层施工时,清理应彻底、干净,注意操作程序。将卷材压实,不得有翘边、褶皱等现象,裁剪卷材应与根部相符。

④在进行转角、管根、变形缝处施工时,附加层应仔细操作,保护好接槎卷材,搭接应满足宽度要求,保证特殊部位的施工质量,避免造成渗漏。

⑤火焰加热器加热卷材应均匀,不得过分加热或烧穿卷材;对于厚度小于 3mm 的高聚物改性沥青防水卷材,严禁采用热熔法施工。

三、质量标准

1. 主控项目

(1)高聚物改性沥青防水卷材和胶黏剂的规格性能、配合比,必须按设计和有关标准采用,应有合格的出厂证明。

(2)卷材防水层特殊部位的细部做法,必须符合设计要求和施工及验收规范的规定。

(3)防水层严禁有破损和渗漏现象。

2. 一般项目

(1)卷材防水层的基层应牢固,基面应洁净、平整,不得有空鼓、松动、起砂和脱皮现象;基层阴阳角处应做成圆弧形。

(2)卷材防水层的搭接缝应黏(焊)结牢固,密封严密,不得有皱褶、翘边和鼓泡等缺陷。

(3)侧墙卷材防水层的保护层与防水层应黏结牢固,结合紧密,厚度均匀一致。

(4)卷材搭接宽度的允许偏差为 -10mm。

四、成品保护

(1)地下卷材防水层部位预埋的管道,在施工中不得碰损和堵塞杂物。

(2)卷材防水层铺贴完成后,应及时做好保护层,防止结构施工碰损防水层;外贴防水施工完后,应按设计砌好防护墙。

(3)卷材平面防水层施工,不得在防水层上放置材料及作为施工运输通道。

五、安全环保措施

1. 安全生产措施

(1)施工现场应清除易燃物及易燃材料,并备有灭火器等消防器材。消防通道要畅通。

(2)施工使用的易燃物及易燃材料应储存在指定处所,并有专人看管且采取了防护措施。

(3)采用热熔施工,在点火时以及在烘烤施工中,火焰喷嘴严禁对着人。特别是立墙卷材热熔施工时,应佩戴防护用品。

(4)汽油喷灯、火焰喷枪及易燃品等,下班后必须放入有专人管理的仓库。

(5)熬油、浇油均应注意安全,特别是立墙施工需登高作业时,需预防烫伤及跌落。

2. 文明施工措施

(1)工地地面做硬化处理,道路坚实畅通,有排水措施;基础、地下室外墙防水施工后要及时回填平整,消除积土、积渣。

(2)泥浆、污水、废水要统一排放,不能直接排入下水道和河道,以免造成市政下水道堵塞和污染水源。

(3)现场材料、构件、料具应按施工平面图布置堆放,做到科学快捷,布局合理。

(4)现场物料堆放,做到分类、分块、整齐有序,便于取用;防腐、防盗,并各自挂好标牌,标明名称、品种、规格等内容;标识清楚,不混乱。

(5)施工现场物料吊装周转物、汽车卸货范围以及施工楼层上应经常清扫,做到工完料尽场地清。

(6)建筑垃圾应及时清运出现场。不能及时清运的应将垃圾堆放整齐,并挂设标牌。

(7)易燃易爆物品应分类隔离堆放,并有专门的防雨、防火和防爆措施。且有专人保管,领取时登记。

(8)工地施工人员应有专门的供住宿用的工棚,严禁把在建工程作住宿场地。

(9)工人宿舍严禁烧电炉,冬季烤火也必须有相应的防煤气中毒措施。

3. 环保措施

施工中对未用完的冷底子油及胶结材料应有专人负责收集,使用完的空桶不得随便乱扔,避免产生污染。

六、质量记录

(1)防水卷材应有产品合格证、检验报告及现场抽检报告。

(2)胶结材料应有出厂合格证及配合比资料。

(3)隐蔽工程检查验收记录。

(4)分项工程质量验收记录。

(5)检验批质量验收记录。

任务2 地下高分子三元乙丙橡胶卷材防水施工

本任务适用于工业与民用建筑地下高分子类三元乙丙橡胶防水卷材铺贴的地下防水层工程的施工。

一、施工准备

1. 技术准备

与任务1相同,本任务不再赘述。

2. 主要施工机具设备

与任务1相同,本任务不再赘述。

3. 材料准备

(1)三元乙丙橡胶防水卷材。

规格:厚度1.0mm、1.2mm、1.5mm、2.0mm,宽度1.0~1.2m,长度20.0m。

主要技术性能:抗拉强度≥7MPa,断裂伸长率>450%,低温冷脆温度-40℃以下,不透水性(MPa·min)>0.3×30。

(2)聚氨酯底胶,用来做基层处理剂(相当于涂刷冷底子油),材料分甲、乙两组分,甲料为黄褐色胶体,乙料为黑色胶体。

(3)基层胶黏剂采用以氯丁橡胶为主体的CX—404胶,为黄色混浊胶体。

(4)丁基胶黏剂,用于卷材接缝,分A、B两组分,A组为黄浊胶体,B组为黑色胶体。使用时,按1:1的比例混合、搅拌均匀。

(5)聚氨酯涂膜材料,用于处理接缝增补密封,材料分甲、乙两组分,甲组分为褐色胶体,乙组分为黑色胶体。

(6)聚氨酯嵌缝膏,用于卷材收头处密封。

(7)二甲苯,用于浸泡洗刷工具或用作擦洗水。

4. 作业条件

(1)在地下水位较高的条件下,铺贴防水层前,应先降低地下水位,做好排水处理,使地下水位降至防水层底标高300mm以下,并保持到防水层施工完。

(2)铺贴防水层的基层表面应平整光滑,必须将基层表面的异物、砂浆疙瘩和其他尘土杂物清除干净,不得有空鼓、开裂及起砂、脱皮等缺陷。

(3)基层应保持干燥,含水率应不大于9%(测定方法:将1m见方的三元乙丙橡胶卷材覆盖在基层表面上静置2~3h,若覆盖处的基层表面无水印,且紧贴基层一侧的卷材无凝结水痕,即为基层含水率小于9%),阴阳角处应做成圆弧形。

(4)防水层所用材料多属易燃品,存放和操作应隔绝火源,做好防火工作。

二、施工操作工艺

1. 工艺流程图

地下高分子三元乙丙橡胶卷材防水施工工艺流程如图2-31所示。

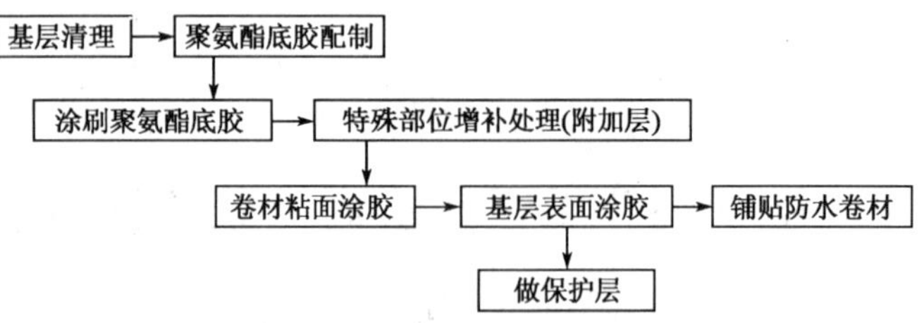

图2-31　地下高分子三元乙丙橡胶卷材防水施工工艺流程图

2. 施工操作要点

(1)基本规定与任务1相同,本任务不再赘述。合成高分子防水卷材主要物理性能见表2-15。

合成高分子防水卷材主要物理性能　　表2-15

项　　目	性能要求				
	硫化橡胶类		非硫化橡胶类	合成树脂类	纤维胎增强类
	JL1	JL2	JF3	JS1	
拉伸强度(MPa)	≥8	≥7	≥5	≥8	≥8
断裂伸长率(%)	≥450	≥400	≥200	≥200	≥10
低温弯折性(℃)	-45	-40	-20	-20	-20
不透水性	压力0.3MPa,保持时间30min,不透水				

(2)施工工艺说明。

①基层处理。施工前将验收合格的基层上的杂物、尘土清扫干净。

②聚氨酯底胶配制。聚氨酯材料按甲:乙=1:3(质量比)的比例配合,搅拌均匀即可进行涂刷施工。

③涂刷聚氨酯底胶。在大面积涂刷施工前,先在阴角、管根等复杂部位均匀涂刷一遍,然后用长把滚刷大面积顺序涂刷。涂刷底胶厚度要均匀一致,不得有露底现象。涂刷的底胶经4h干燥,手摸不黏时,即可进行下道工序施工。

④特殊部位增补处理。

增补剂涂膜:聚氨酯涂膜防水材料分甲、乙两组分,按甲:乙=1:1.5的质量比配合搅拌均匀,即可在地面、墙体的管根、伸缩缝、阴阳角部位,均匀涂刷一层聚氨酯涂膜,作为特殊防水薄弱部位的附加层,涂膜固化后即可进行下一工序施工。

附加层施工,设计要求特殊的部位,如阴阳角、管根,可用三元乙丙卷材铺贴一层处理。

⑤铺贴前在基层面上排尺弹线,作为掌握铺贴的控制线,使其铺设平直。

⑥卷材粘贴面涂胶。将卷材铺展在干净的基层上,用长把滚刷蘸CX—404胶均匀涂刷,应留出搭接部位不涂胶,晾至胶基本干燥不黏手。

⑦基层表面涂胶。底胶干燥后,在清理干净的基层面上,用长把滚刷蘸CX—404胶均匀

涂刷,涂刷面不宜过大,然后晾胶。

⑧卷材粘贴。在基层面及卷材粘贴面已涂刷好 CX—404 胶的前提下,将卷材用 ϕ30mm、长 1.5m 的圆心棒(圆木或塑料管)卷好,由两人抬至铺设端头,注意用线控制,位置要正确,黏结固定端头,然后沿弹好的控制线向另一端铺贴。操作时卷材不要拉太紧,并注意方向沿标线控制进行,以保证卷材搭接宽度。采用热熔法铺贴时应注意火焰加热器加热卷材要均匀,不得过分加热或烧穿卷材;滚铺卷材时接缝部位必须溢出沥青热熔胶,并应随即刮封接口使接缝黏结严密。

操作中注意排气,即每铺完一张卷材,应立即用干净的滚刷从卷材的一端开始横向压力滚压一遍,以便将空气排出。

滚压:排除空气后,为使卷材黏结牢固,应用外包橡皮的铁辊滚压一遍。

卷材不得在阴阳角处接头,接头处应间隔错开。

接头处理:卷材搭接的长边与端头的短边 100mm 范围,用丁基胶黏剂黏结,将甲、乙两组分料按 1:1 质量比配合搅拌均匀,用毛刷蘸丁基胶黏剂,涂于搭接卷材的两个面,待其干燥 15~30min 即可压合,挤出空气,不得有皱褶,然后用铁辊滚压一遍。

收头处理:防水层周边用聚氨酯嵌缝,并在其上涂刷一层聚氨酯涂膜。

⑨做保护层。防水层做完后,应按设计要求做好保护层,一般平面为水泥砂浆或细石混凝土保护层,立面为砌筑保护墙或抹水泥砂浆保护层,外做防水层的也可贴有一定厚度的板块保护层。抹砂浆的保护层应在卷材铺贴时,表面涂刷聚氨酯涂膜稀撒石渣,以利保护砂浆层黏结。防水层施工不得在雨、大风天气进行,施工的环境温度不得低于 5℃。

(3)应注意的质量问题。

①卷材接头搭接形式以及长边、短边的搭接宽度不宜偏小,接头处的黏结应密实、无空鼓,接槎无损坏,操作应按程序,弹控制线,使与卷材规格相符。施工中齐线铺贴,两幅卷材短边和长边的搭接宽度不应小于 100mm,采用分层卷材时上、下层和相邻两幅卷材的接缝应错开1/3 幅宽,且两层卷材不得相互垂直铺贴。

②铺贴卷材的基层应潮湿、平整、洁净,卷材铺设时空气要排出彻底,注意施工时基层应充分干燥,卷材铺设层不能造成窝气。刮大风时不宜施工,因在晾胶时易粘上砂尘而造成空鼓。

③管根处防水层施工应仔细操作,清理应干净,铺贴卷材不得有张嘴、翘边、褶皱等问题出现。

④转角处施工时注意留槎位置,保护好留槎卷材,使搭接满足规定的宽度。

三、质量标准

1. 主控项目

(1)卷材与胶结材料必须符合设计和施工及验收规范的规定,检查产品出厂合格证、试验资料的技术性能指标,现场取样试验。

(2)卷材防水层及变形缝、预埋管根等细部特殊部位做法,必须经隐蔽工程验收,使其符合设计要求和施工及验收规范的规定。

2. 一般项目

(1)卷材防水层的基层应牢固、平整,阴阳角处呈圆弧形或钝角,表面洁净,底胶涂刷均匀,无漏涂、透底,检查隐蔽工程验收记录。

(2)卷材防水层的铺贴构造和搭接、收头粘贴牢固严密,无损伤、空鼓、皱褶等缺陷。

(3)卷材防水层的保护层应符合设计要求。

(4)卷材搭接宽度的允许偏差为 -10mm。

四、成品保护

(1)已铺贴好的卷材防水层,应采取保护措施,从管理上保证不受损坏。
(2)穿墙体的管根,施工中不得有碰撞变位。
(3)防水层施工完毕后,应及时做好保护层、保护墙。

五、安全环保措施

与任务 1 相同,本任务不再赘述。

六、质量记录

与任务 1 相同,本任务不再赘述。

子情境 3　涂膜防水施工

一、地下涂膜防水构造

地下涂膜防水有外防水和内防水之分,外防水用于新建工程,内防水用于修补工程,必要时采用内外结合的形式。具体的构造做法如图 2-32 ~ 图 2-34 所示。

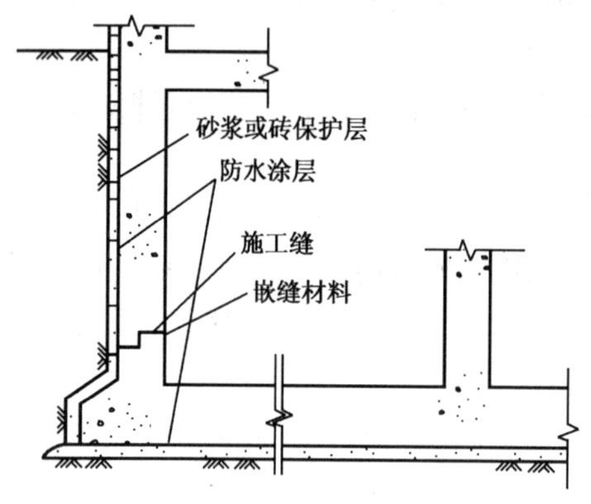

图 2-32　地下室外防水涂层构造

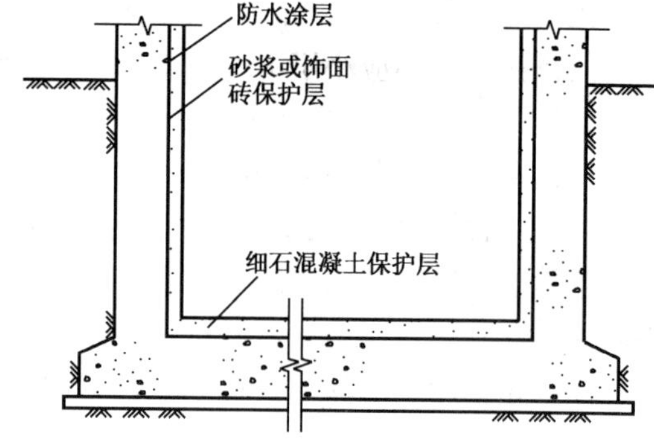

图 2-33　地下室内防水涂层构造

二、防水涂料施工分类及材料要求

1. 防水涂料施工分类

(1)按涂膜厚度的不同,防水涂料施工可划分为薄质涂料施工和厚质涂料施工。

(2)按施工方法的不同,防水涂料施工可分成涂刷法、喷涂法、抹压法和刮涂法。

(3)按防水层胎体的不同,防水涂料施工分为单纯涂膜层和加胎体增强材料涂膜层(加玻璃丝布、化纤、聚酯纤维毡,做成一布二涂、三布三

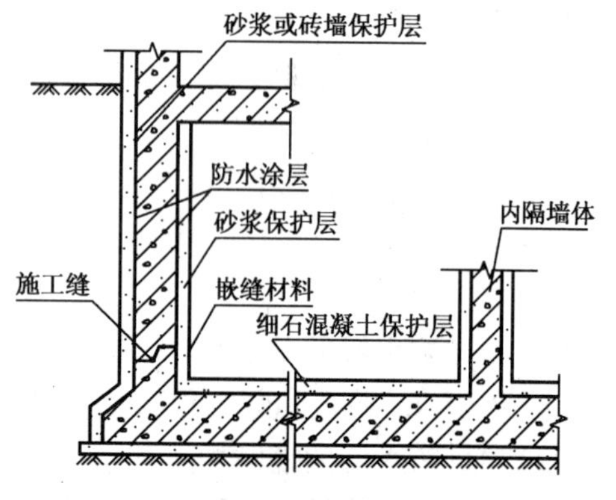

图 2-34　地下室内、外防水涂层构造(尺寸单位:mm)

涂、多布多涂)。

(4)按涂料类型的不同,可将涂料分为溶剂型、水乳型、反应型三种。

(5)按涂料成膜物质主要成分的不同,可将涂料分为沥青基防水涂料、高聚物改性沥青防水涂料、合成高分子防水涂料三大类(现只用后两种)。

(6)按作用的不同,可将涂料分为起防水层作用的涂料和起保护作用的涂料两大类。起防水层作用的防水涂料主要有聚氨酯、氯丁胶、丙烯酸、硅橡胶、改性沥青等。

由于是地下工程,基层不易干燥,所以大多选择能够在潮湿基层表面上施工的合成高分子或高聚物改性沥青防水涂料。

2. 材料要求

由于我国防水涂料的品种较多,发展较快,目前工程中应用的各种防水涂料,有许多尚无国家标准及行业标准,故新规范在对各种防水涂料进行分类的基础上,参考国内外材料标准及科研单位研究成果,从工程实际出发提出了满足工程防水要求的各类防水涂料所必须达到的主要项目和最低质量要求,而不是各种防水涂料产品质量的所有指标及检验项目。要满足防水工程的要求,涂料必须具备以下性能:

固体含量,是各类防水涂料的主要成膜物质,根据各类防水涂料的特性控制各类防水涂料最低的固体含量要求。如果固体含量过低,涂漠的质量就难以得到保证。

耐热度,在夏季最高气温条件下,屋面表面的温度可达 70℃,若涂料的耐热度小于 70℃,同时保持不了 5h,那么涂膜将会产生“流淌”,所以对各类防水涂料耐热度最低质量要求为 80℃,5h 不流淌。

柔性,此项质量要求主要是为使各类防水涂料对施工温度具有一定的适应性,根据各类防水涂料的特性,控制各类防水涂料的最低柔性质量要求。

不透水性,这是各类防水涂料的主要质量指标。根据各类防水涂料的特性,控制各类防水涂料最低的不透水质量要求,如能达到最低的不透水质量要求,完工后的防水层就不会产生直接渗漏。

延伸,此项要求主要是使各类防水涂料具有一定的适应基层变形的能力,保证防水效果。根据各类防水涂料的特性,控制各类涂料最低延伸性质量要求。

3. 涂膜防水层的优缺点

防水涂料在涂膜固化前呈黏稠状液态,有较好的随意性。因此,不仅能在平面上,而且能在立面、阴阳角及各种复杂表面及节点部位形成无接缝的完整的防水膜,也极易进行局部增强处理。涂料防水层自重小,它既是防水层主体,又是勃结剂,故施工、维修都较简便。施工时又无需加热,既减少环境污染,又便于操作,改善劳动条件。但由于目前机具落后,大都为手工刮涂,故防水膜的厚度难以做到像防水卷材那样均匀一致。因此,必须精心施工,认真操作,保证涂膜厚度是涂料施工的关键。

任务　地下聚氨酯防水涂料涂膜防水施工

本任务适用于工业与民用建筑物、构筑物地下防水工程。由于涂料防水材料种类较多,使用的各种材料详见产品说明。本任务主要介绍聚氨酯防水涂料涂膜防水施工。

一、施工准备

1. 技术准备

(1)人力资源保证,包括项目经理、技术负责人、施工员、质检员、安全员、材料员、资料员、检测员、开机工、起重工、电工、泥工、防水工。

(2)熟悉图纸,制订施工方案和一切规章管理制度。

2. 主要施工机具设备

地下聚氨酯防水涂料涂膜防水施工主要施工机具设备有:电动搅拌器、拌料桶、小型油漆桶、橡皮刮板、油漆刷、圆滚刷、小抹子、铲刀、笤帚、磅秤。

3. 材料准备

(1)聚氨酯防水涂料,要有出厂合格证、检验报告等认证文件,具体要求如下:

①聚氨酯防水涂料分为甲、乙、丙组分,甲组分为黄褐色胶体,每桶18kg,异氰酸基含量以3.5±0.2%为宜。

②乙组分为黑色胶体,每桶24 kg,羟基含量以0.7±0.1%为宜。

③底涂乙料,用于配制底层涂料,为黑色胶体,每桶17kg。

④聚氨酯防水涂料的技术性能指标如下。

固体含量:≥93%;

抗拉强度:≥0.6MPa;

延伸率:≥300%;

低温柔度:在-20℃温度下绕ϕ20mm圆棒无裂纹;

耐热度:80℃不流淌;

不透水性:≥0.2MPa,保持时间30min,不透水;

干燥时间:1~6h。

(2)辅助材料要求如下。

磷酸或苯磺酰氯,规格:化学纯,作缓凝剂用。

二月桂酸二丁基锡,规格:化学纯或工业纯,作促凝剂。

二甲苯,规格:工业纯,稀释后用于清洗工具。

乙酸乙酯,规格:工业纯,稀释后用于清洗手上凝胶。

水泥规格:32.5级或42.5级普通硅酸盐水泥,用于配制水泥砂浆抹保护层及修补基层。

107胶:用于修补基层。

中砂:粒径2~3mm,含泥量不大于3%,用于配制水泥砂浆抹防护层。

4. 作业条件

(1)地下防水层聚氨酯防水涂料冷作业施工,在地下水位较高的条件下涂刷防水层前,应先降低地下水位,做好排水处理,使地下水位降至防水层操作标高以下300mm,并保持到防水层施工完毕。

(2)涂刷防水层的基层应按设计抹好找平层,要求抹平、压光、坚实平整,不起砂,含水率低于9%(测定方法:将1m见方的聚氨酯防水涂料覆盖在基层表面上静置2~3h,若覆盖处的基层表面无水印,且紧贴基层一侧的卷材无凝结水痕,即为基层含水率小于9%),阴阳角抹成圆弧角。阴角直径宜大于50mm,阳角直径宜大于10mm。

(3)涂刷防水层前应将涂刷面上的尘土、杂物、残留的灰浆硬块,有凸出的部分进行处理,清扫干净。

(4)涂刷聚氨酯不得在雨、雪、大风等恶劣天气施工,施工的环境温度不应低于5℃。

(5)施工现场要保持良好的通风,操作时严禁烟火。

二、施工操作工艺

1. 工艺流程图

地下聚氨酯防水涂料涂膜防水施工工艺流程如图 2-35 所示。

2. 施工操作要点

(1)基本规定。

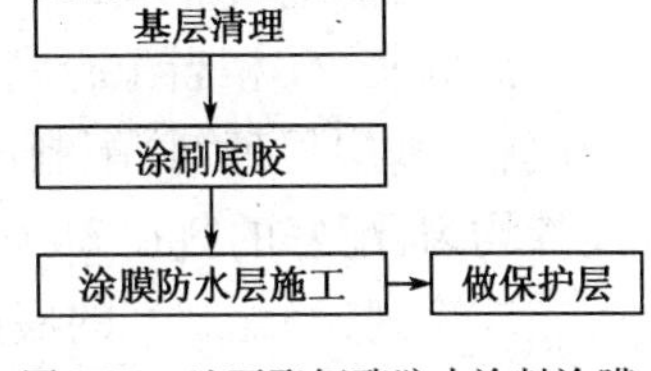

图 2-35　地下聚氨酯防水涂料涂膜防水施工工艺流程图

①涂料防水工程施工前,施工单位应进行图纸会审,掌握工程主体及细部构造的防水技术要求,并编制防水工程的施工方案。

②涂料防水工程的施工,应建立各道工序的自检、交接检和专职人员检查的"三检"制度,并有完整的检查记录。未经建设(监理)单位对上道工序的检查确认,不得进行下道工序的施工。

③涂料防水工程所使用的防水材料,应有产品的合格证书和性能检查报告,材料的品种、规格、性能等应符合现行国家产品标准和设计要求。

对进场的防水材料应按规定抽样复验,并提出试验报告;不合格的材料不得在工程中使用。工程中主要使用的有机防水涂料物理性能见表 2-16。

有机防水涂料物理性能　　表 2-16

涂料种类	可操作时间(min)	潮湿基面黏结强度(MPa)	抗渗性(MPa)			浸水 168h 断裂伸长率(%)	浸水 168h 拉伸强度(MPa)	耐水性(%)	表干(h)	实干(h)
			涂膜 30min	砂浆迎水面	砂浆背水面					
反应型	≥20	≥0.3	≥0.3	≥0.6	≥0.2	≥300	≥1.65	≥80	≤8	≤24
水乳型	≥50	≥0.2	≥0.3	≥0.6	≥0.2	≥350	≥0.5	≥80	≤4	≤12
水泥聚合物	≥30	≥0.6	≥0.3	≥0.8	≥0.6	≥80	≥1.5	≥80	≤4	≤12

④涂料防水工程的防水层,严禁在雨天、雪天和五级风及其以上时施工,其施工环境气温条件宜符合表 2-17 的规定。

涂料防水层施工环境气温条件　　表 2-17

防水层材料	施工环境气温
有机防水涂料	溶剂型 -5~35℃,水溶性 5~35℃
无机防水涂料	5~35℃

⑤涂料防水工程应按工程设计的防水等级标准进行验收。

⑥涂料防水层的施工应符合下列规定:

a. 涂料涂刷前应先在基面上涂一层与涂料相容的基层处理剂;

b. 涂膜应多遍完成,涂刷应待前涂层干燥成膜后进行;

c. 每遍涂刷时应交替改变涂层的涂刷方向,同层涂膜的先后搭槎宽度宜为 30~50mm;

d. 涂料防水层的施工缝(甩槎)应注意保护,搭接缝宽度应大于 100mm,接涂前应将其甩槎表面处理干净；

e. 涂刷程序应先做转角处、穿墙管道、变形缝等部位的涂料加强层，后进行大面积涂刷；

f. 涂料防水层中铺贴的胎体增强材料，同层相邻的搭接宽度应大于100mm，上、下层接缝应错开1/3幅宽。

（2）工艺说明。

①基层处理。

涂刷防水层施工前，先将基层表面的杂物、砂浆硬块等清扫干净，并用干净的湿布擦一次，经检查，基层平整，无浮浆、空裂、起砂渗水等缺陷，方可进行下道工序施工。

②涂刷底胶（相当于冷底子油）。

底胶（基层处理剂）配制：先将聚氨酯甲料、乙料和二甲苯以1:1.5:2的比例（质量比）配合搅拌均匀，配好的料在2h内用完。

底胶涂刷：将配制好的底胶料，用长把滚刷均匀涂刷在基层表面，涂刷量为0.3kg/m^{2}左右，涂刷后约4h手感不黏时，即可进行下道工序施工。

③涂膜防水层施工。

材料配制：聚氨酯甲料、乙料和二甲苯以1:1.5:0.3的比例（质量比）配合，用电动搅拌器（转速为100～500r/mim）强制搅拌3～5 mim，至充分拌和均匀即可使用。配好的混合料应在2h内用完，不可时间过长。

材料配制称量准确，甲、乙料混合偏差不大于±5%；不得随意改变配比，加大甲料或乙料的用量。

附加涂膜层：穿过墙、顶、地的管根部，排水口、阴阳角，变形缝和薄弱部位，应在涂膜层大面积施工前，先做好上述部位的增强涂层（附加层）施工。

附加涂层做法：在涂膜附加层中铺设玻璃纤维布，涂膜操作时用板刷刮涂料驱除气泡，将玻璃纤维布紧密地粘贴在基层上，阴阳角部位一般为条形，管根为块形，三面角，应裁成块形布铺设，可多次涂刷涂膜。

④涂刷第一道涂膜。

在前一道涂料加固层的材料固化并干燥后，应先检查其附加部位有关残留的气孔或气泡，如没有，即可涂刷第一道涂膜；如有，则应用橡胶板刷将混合料用力压入气孔填实补平，局部再刷涂膜，然后再进行第一层涂膜施工。

涂刮第一层聚氨酯涂膜防水材料，可用塑料或橡皮板刷均匀涂刮，力求厚薄一致，厚度为1.5mm左右，即用量为1.5kg/m^2。

⑤涂刮第二道涂膜。

第一道涂膜固化后，即可在其上均匀涂刷第二道涂膜，但涂刮方向应与第一道的涂刮方向相垂直。涂刮第二道涂膜与第一道相间隔的时间应以第一道涂膜的固化程度（手感不黏）确定，一般不小于24h亦不大于72h。当24h后涂膜仍发黏，而又需涂刷下一道时，可先涂一些涂膜防水材料，就不会黏脚，可以上人操作，不会影响施工质量。

⑥涂刮第三道涂膜。

涂刮方向与第二道相同，但涂刮方向应与其垂直。

⑦稀撒石子。

在第三道涂膜固化之前，在其表面稀撒粒径约2mm石子，加强涂膜层与其保护层的黏结作用。

⑧涂膜保护层。

最后一道涂膜固化干燥后，即可根据设计要求的适宜形式设置保护层：底板的细石混凝土保护层厚度应大于50mm。

侧墙宜采用聚苯乙烯泡沫塑料保护层或砌砖保护墙（边砌边填实）和铺抹30mm厚水泥砂浆。

（3）应注意的质量问题。

①施工时应采用功率、转速不过高的搅拌器，使材料拌和均匀。做涂膜前应仔细清理基层，不得有浮浆和灰尘，基层上更不应有孔隙，涂膜各层出现的气孔应按工艺要求处理。防止涂膜破坏造成渗漏。

②基层施工应认真操作、养护，待基层干燥后，先涂底层涂料，固化后，再按防水层施工要求逐层涂刷。不得有起皮、起砂、开裂等不良现象。

③涂膜防水层的边沿、分项刷的搭接处基层应干净和干燥，收头操作要细致，密封要好，确保底层涂料黏结力足够，以免造成翘边。

④涂膜防水层分层施工过程中或全部涂膜施工完，涂膜在未固化前不得上人操作活动，或放置工具材料等，以免将涂膜碰坏、划伤，施工中应加强保护涂膜的完整。

⑤严禁与水接触，防止失效。

三、质量标准

1. 主控项目

（1）涂膜防水材料及加层玻璃布性能必须符合设计要求和有关标准规定，并有产品合格证、检验报告及现场抽样检验报告。

（2）涂膜防水层及其局部应加强的变形缝、预埋管件处，阴阳角部位的做法，必须符合设计要求和施工规范的规定，不得渗漏水。

2. 一般项目

（1）涂膜防水的基层应牢固，表面洁净、密实、平整；阴阳角呈圆弧形；底胶涂层均匀，无漏涂。

（2）附加层涂膜层的涂刷方法、搭接、收头应按设计要求，黏结牢固，接缝封闭严密，无损伤、空鼓等缺陷。

（3）聚氨酯涂膜防水层，涂膜厚度均匀，黏结牢固严密，不允许有脱落、开裂、孔眼、涂刷压接不严密的缺陷。

（4）涂膜防水层表面不应有积水和渗水的现象，保护层不得有空鼓、裂缝、脱落的现象。

（5）涂膜防水层的平均厚度应符合设计要求，最小厚度不得小于设计厚度的80%。

（6）侧墙涂料防水层的保护层与防水层黏结牢固，结合紧密，厚度均匀。

四、成品保护

（1）穿过墙体的管根、预埋件、变形缝，涂膜施工时不得碰损、变位。

（2）已涂好涂膜未固化前，不允许上人和堆积工具、物品，以免涂膜防水层受损坏，造成渗漏。

（3）平面或坡面施工后，在防水层未固化前不宜上人踩踏，涂抹施工过程中应留出施工退路，避免破坏防水层而造成渗漏。

五、安全环保措施

(1)溶剂型涂料施工现场必须严禁烟火,还应注意通风。

(2)涂膜材料施工时,施工现场要通风,严禁烟火,要有防火措施;施工人员应着工作服、工作鞋,并戴手套和口罩;操作时若皮肤沾上涂膜材料,应及时用沾有乙酸乙酯的棉纱擦除,再用肥皂水和清水洗干净。

六、质量记录

(1)防水涂料产品合格证、检验报告,有关证明文件,及现场取样检验报告。

(2)隐蔽工程检验记录。

(3)分项工程质量验收记录。

(4)检验批质量验收记录。

子情境4　地下复合防水施工

综合实训任务　地下防水工程施工方案编制

一、防水工程施工方案编制的重要性

为了提高防水工程的质量和加强施工管理,在施工前应根据工程量、工期及质量要求认真编制防水工程的施工方案。

施工方案是施工单位依据施工合同和工程情况编制的组织指导施工,保质保量、保工期完成施工任务,并获得经济效益的重要技术文件。大型工程或单位工程应编制施工组织设计,防水工程是建筑工程的一个分部工程(或子分部工程),只需编制施工方案或技术措施。

防水工程施工方案编制的重要性有以下几点:

(1)防水施工方案是防水施工的主要依据。

(2)防水施工方案是防水质量的有力保证。

(3)防水施工方案是防水安全施工的重要措施。

(4)防水施工方案是防水实现经济效益的有效途径。

防水施工方案编制后,应向专业施工队及工地技术负责人详细交底,作为防水施工的依据。有了施工方案,明确了细部做法,解决了施工图中未明确的技术问题,就可以做好质量预控工作。同时,施工方案中明确了材料性能、作业方法,采取了相应的技术措施,可以确保施工安全,可杜绝返工和修补。施工方案中,卷材防水做了铺贴设计,不仅明确了材料用量,也确保了防水层的使用期,做到了工料的节约,可争得一定的经济效益。

二、防水施工方案编制的依据

编制防水工程施工方案的依据如下:

(1)国家制定的现行建筑防水技术标准、规范,有关防水方面的行业标准、地方标准以及各地区的建筑防水标准图集等。

(2)防水工程设计图样、设计要求，防水工程的防水等级、防水层耐用年限及特殊部位的处理要求等。

(3)了解防水结构层的构造，结构的刚度情况，能否导致防水层产生变形或开裂。

(4)现场的环境条件和防水工程预计施工的时间、气温等，如冬季、雨季施工的影响。

(5)所用防水材料质量情况，出厂合格证和技术性能指标，检验部门的认证材料，进场防水材料抽样复检的测试报告。

三、防水施工方案的编制内容

防水施工方案原则上应由防水专业队的施工员、技术员、工长或技术负责人编写，即由谁指导组织施工则由谁编制。这样可以避免方案编制与指导施工两张皮，更能切合实际。编制防水施工方案前应进行调研，了解防水工程情况。防水施工方案应在施工前编制完，并经上一级领导审核后，由防水专业队技术负责人向有关操作人员进行书面和口头交底，并以此作为防水施工的依据。对于较大和复杂的防水工程，应多方征求意见，可以邀请建设单位参加审批和核定，并报请上一级技术单位审批。编制防水工程施工方案时，一般应包括以下内容。

1. 工程概况

(1)整个工程概况，包括工程名称、所在地、施工单位、设计单位、建筑面积、防水面积、工期要求。

(2)防水等级、防水层构造层次、设防要求、防水材料选用、建筑类型和结构特点、防水层耐用年限等。

(3)防水材料的种类和技术指标要求。

(4)需要规定或说明的其他问题。

2. 质量工作目标

(1)防水工程施工的质量保证体系。

(2)防水工程施工的具体质量目标。

(3)防水工程各道工序施工的质量预控标准。

(4)防水工程质量的检验方法与验收评定标准。

(5)有关防水工程的施工记录与归档资料的内容与要求。

3. 施工组织与管理

(1)明确该项防水工程施工的组织者和负责人。

(2)明确具体施工操作的班组及人员状况。

(3)防水工程分工序、分层次检查的规定和要求。

(4)审批。经批准的施工方案要向操作人员详细交底。

四、编写防水工程施工方案的实例

1. 编制依据

某防水工程施工方案编制依据见表2-18。

2. 工程概况

(1)工程地点：××××××。

(2)工程名称：921-3 工程 18 号建筑物。

防水工程施工方案编制依据 表 2-18

序号	名称	编号
1	本工程建筑、结构施工图纸	建 1-58、结 1-60
2	本工程施工组织设计	
3	地下防水工程质量验收规范	GB 50208—2002
4	地下工程防水技术规范	GB 50108—2008
5	地下工程防水图集	88J6
6	××市地下室防水推荐做法	
7	混凝土结构工程施工质量验收规范	GB 50204—2002
8	建筑工程资料管理规程	GBJ 01-51—2003

(3)建筑概况:由Ⅰ段(办公楼)和Ⅱ段(车间)组成,用连廊连接成一体。建筑总面积为16 135m^2。Ⅰ段(办公楼)局部有地下室。

防水做法:地下防水做法采用两道防水层:一道是防水混凝土,属结构自防水(混凝土内加 UEA 防水剂),抗渗为 S8;另一道为外贴 SBSIII + III 防水卷材。工程量为 1 900m^2。

3. 施工基本要求

(1)SBS 防水卷材及其附料的质量、技术性能必须符合设计要求和施工验收规范的规定,必须具有出厂合格证及北京市建委颁发的防水材料使用质量认证书。

(2)防水材料进入现场按本工程的《试验计划》取样复试和有监理见证取样复试,合格后方可使用。

(3)地下防水卷材施工由×××防腐企业集团公司分包,其技术负责人及班组长必须持有市建委颁发的施工人员上岗证书。

4. 地下防水工程施工操作要点

(1)地下防水混凝土施工(刚性防水)操作要点,详见本工程《混凝土施工方案》中的防水混凝土施工。

(2)SBS 防水卷材施工(柔性防水)操作要点。

①卷材施工工艺流程包括平面铺贴卷材和立面铺贴卷材。

平面铺贴卷材工艺流程为:保护墙放线→砌筑保护墙→抹保护墙找平层→养护→清理防水基层→涂刷冷底子油→铺贴附加层→弹线试铺→大面积铺贴卷材→检查验收→防水保护层。

立面铺贴卷材工艺流程为:清理基层→拆除永久保护墙上的四皮临时砖(用石灰砂浆砌筑)并清理卷材→涂刷冷底子油→接铺阴阳角处附加层→铺贴卷材→砌筑 120 砖保护墙。

②保护墙施工要求。

保护墙放线:基础垫层等终凝后即可上人,按施工图纸放保护墙位置线,并做好预检验收。

砌筑保护墙:垫层面标高以上 1 360mm 内保护墙,采用 MU10 页岩砖、M5 以上水泥砂浆砌筑,墙厚 240mm。为保证底板与墙体接槎处防水卷材的外搭接宽度,保护墙上面四皮砖用石灰砂浆砌筑,待做外墙防水时拆除。其余外墙立面防水保护墙采用 MU10 页岩砖、M5 水泥砂浆砌筑,墙厚 120mm。

砖抹灰找平:用 1:2.5 水泥砂浆找平(水泥强度等级不低于 32.5 级),要抹平压光,表面平顺,要求阴阳角抹成圆角或钝角。

保护墙找平层养护:找平层抹完后应用塑料布覆盖养护,待干燥后方可做防水层。

③卷材防水层施工要求。

基层清理:将基层表面的砂浆疙瘩、尘土、杂物彻底清除干净。

涂刷冷底油:用长柄滚刷在已经清理好的基层表面上涂刷冷底油,要均匀一致,不得有麻点、漏刷、透底等缺陷。涂刷完毕后,必须经过干燥后方可进行热熔法大面积施工,以免失火。

铺贴附加层:阴阳面部位、管根处要按要求加铺贴一层附加层,宽度为500mm。方法是,先按细部形状将卷材剪好,在细部贴一下,试看尺寸,形状合适后,再将卷材的底面用手持汽油喷灯烘烤,将其底面呈熔融状态,即可立即粘贴在基层上,并压实铺牢。附加层两边距离应相等(均为250mm)。

④铺贴卷材防水层注意事项。

平面铺贴卷材:本工程底板垫层混凝土平面部位的卷材采用点黏法施工;集水井斜面部位采用满黏法施工。铺贴卷材前,要按照所用卷材的宽度留出搭接尺寸,搭接宽度≥100mm,在干燥的基层表面上将卷材铺贴基线弹好,并按此线进行试铺,合适后,即可进行大面积铺贴卷材施工。卷材均应按线铺贴,不得偏斜。表面要平展,不得有皱褶。卷材铺贴方向应沿纵向展开(即从东向西铺贴)。SBS卷材搭接长度为长边不小于100mm、短边不小于150mm,同时卷材不可重贴。粘贴牢固,辊压密实。

立面铺贴卷材:保护墙部分为外防内贴法,从底面折向立面的卷材与永久性保护墙的接触部位,应采用空铺法施工。与临时性保护墙或围护结构模板接触部位,应临时贴附在该墙上或模板上,卷材铺好后,其顶端应临时固定。保护墙上部立墙为外防外贴法,接槎部位先做的卷材应留出搭接长度,该范围的保护墙用石灰砂浆砌筑,最上面四皮砖,待结构墙体做外防外贴卷材防水层时,分层错槎接缝。铺贴立面接槎处卷材之前,应先将接槎部位的各层卷材揭开,并将其表面清理干净,如局部有损伤,应进行修补后方可继续施工。铺贴立墙卷材应由下向上,先黏大面,后黏搭接及接缝部位。

平、立面相交处铺贴卷材:该处卷材铺黏时应注意先立面后平面,分层铺贴,粘贴时卷材要紧贴阴角,压实牢固,不得脱落、滑动,平、立面转角处卷材接缝应留在平面上距立面不小于600mm处。

⑤卷材铺贴具体操作方法。

熔黏端部卷材:将整卷卷材置于铺贴起始端,对基层上已弹好的线,滚展1m,由一人拉起卷材端头,另一人用汽油喷灯加热卷材底面与基层面,另一人以手持木滚对铺贴好的卷材用力排气压实,最后将端部卷材铺牢压实。

滚贴大面卷材:将改性沥青防水卷材按铺贴的长度进行裁剪,点燃专用火焰喷灯,加热基层与卷材的交接处,喷灯距加热面保持300mm左右的距离,往返喷烤,观察当卷材的沥青刚刚开始熔化时,手扶两端向前缓缓滚动铺贴。后随一人施行排气压实工序,要求用力均匀、不窝气。铺贴压边宽度应掌握好。卷材搭接长度不小于100mm。

卷材搭接缝及热熔收头封边:卷材搭接缝以及卷材收头的铺贴是影响铺贴质量的关键因素之一,不随大面一次铺贴,有利于保证卷材防水层的铺贴质量。操作方法是一手用刮板将搭接缝卷材掀起,另一手用汽油喷灯,从搭接缝处向里喷火烤卷材面,随烤随粘贴,并将熔融的沥青挤出用刮刀抹平,搭接缝或收头处贴好后,再用喷灯沿搭接缝及边缘均匀加热,用抹子抹压封严。上、下两层和相邻两幅卷材的接缝应错开1/3幅宽。上、下两层卷材不得相互垂直铺贴。

⑥保护层施工要求。

卷材施工完毕后，经验收合格，立即做保护层。依设计图纸，平面卷材做豆石混凝土保护层，厚度为40mm，强度C20。内贴永久保护墙立面抹1:3水泥砂浆保护层，20mm厚。外贴永久保护墙为120mm厚页岩砖，M5砌筑砂浆。

5. 质量标准

(1)防水混凝土结构表面应坚实、平稳、不得出现麻面。

(2)卷材防水施工时，卷材与底油必须符合设计要求和施工验收规范的规定，质量合格。防水基层牢固、表面洁净、光滑，不得有松动、裂缝、空鼓、凹坑、起砂、掉灰等缺陷。遇凸起物必须铲除干净，其平整度不大于5mm。基层必须干燥，含水率不大于9%。用$1m^2$左右的防水卷材铺于防水基层面上，2h后揭开无明显水珠，然后才可进行测试。阴阳角处呈圆弧形或钝角，圆弧半径100mm。底油涂布均匀、无漏涂。铺贴方法和搭接、收头应符合规范要求，黏结牢固、紧密，接缝封严、无损伤、空鼓等缺陷。卷材防水层表面应平整，不得有皱褶、空鼓、气泡、翘边和封口不严等缺陷。保护墙上、下错缝，每处无四皮砖通缝，转角处不得留直缝。灰缝砂浆密实，砖缝平直，厚度均匀。卷材防水层的保护层应粘贴牢固，结合紧密，厚度均匀一致。穿墙防水套管位置准确，套管上污垢和铁锈清除干净，铺贴卷材方法正确。

6. 质量保证措施

(1)防水混凝土施工。各种原材料的质量证明文件、试验报告或检验记录齐全；混凝土的强度、抗渗试验报告单齐全有效；现场控制坍落度，有问题随时通知混凝土站；加强防水混凝土早期养护。

(2)卷材防水施工。防水施工队伍必须有资质等级。队伍骨干人员要有通过市建委培训的专业岗位证书，技术骨干人员要持证上岗。现场设技术员、质量员负责拟订施工操作规范，保证质量措施及现场质检工作。施工前对所有操作人员进行技术交底，做到心中有数。施工中严格按操作规程进行作业。严把材料关，防水卷材必须是北京市建委认证的，且有"三证"和防伪标志，抽样复验合格方可使用。施工过程中，质量检查员要认真检查，把好质量关，发现问题及时通知解决。施工前应进行试铺、做样板，经监理确认后方可大面积铺设。施工完成后及时通知甲方、监理各方共同验收，经签认后方可进行下道工序施工。

7. 成品保护措施

(1)对已做好的卷材防水层，应加强成品保护，及时采取措施做好保护层。墙面甩槎的卷材要细心管理，防止断裂和损坏。

(2)卷材平面防水层施工时和完成后，不得在防水层上放置材料或将防水层用作施工运输车道。

(3)保护墙砌完后，要注意对墙体的保护，不得碰撞。

(4)施工人员应穿平底胶鞋，不得穿钉鞋或硬底鞋踩在防水卷材上。

(5)豆石混凝土保护层施工时，不得用铁锹等尖硬工具，应采用木耙手推车送料。通道及溜槽下接料处要铺上竹胶板保护，防止碰破防水层。手推车车腿，应用废旧车轮胎绑好，如发现卷材有刺破现象，及时进行修补。

8. 安全保证措施

(1)燃具在使用前必须进行检修，不合格的不得使用。

(2)施工人员严禁在现场吸烟。

(3)防水卷材及辅助材料等应放置在干燥、通风、指定的场所,并设专人看管,并远离火源、热源,避免暴晒,要有消防器材。现场内的包装纸和纸芯,要及时回运到垃圾场。

(4)防水卷材及辅助材料等易燃品,严禁明火接触,六级以上大风停止热熔施工。

(5)施工人员进入现场必须戴好安全帽,做好个人防护。在架子上进行高空作业时要系好安全带。严禁上下同时交叉作业。

(6)基槽边应按要求设安全防护装置,禁止向基坑内乱扔物品,防止砸伤人。

(7)外墙防水层施工中,卷材铺贴高度超过1.5m时,应使用木梯子。防水保护墙施工时要严格控制砌筑高度(不超过1.5m),同时保证砖和砌筑砂浆强度,并及时进行回填。每处要求回填完该段保护墙高度(1.5m左右)后再进行上部保护墙砌筑。

学习情境三

屋面防水施工

一、屋面防水等级与设防要求

根据《屋面工程技术规范》(GB 50345—2004)的规定,屋面防水等级与设防要求见表3-1。

屋面防水等级与设防要求 表3-1

项　目	屋面防水等级			
	Ⅰ级	Ⅱ级	Ⅲ级	Ⅳ级
建筑物类别	特别重要或对防水有特殊要求的建筑	重要的建筑和高层建筑	一般建筑	非永久性建筑
防水层合理使用年限	25年	15年	10年	5年
设防要求	三道或三道以上防水设防	二道防水设防	一道防水设防	一道防水设防
防水层选用材料	宜选用合成高分子防水卷材、高聚物改性沥青防水卷材、金属板材、合成高分子防水涂料、细石防水混凝土等材料	宜选用高聚物改性沥青防水卷材、合成高分子防水卷材、高聚物改性防水涂料、金属板材、合成高分子防水涂料、细石防水混凝土、平瓦、油毡瓦等材料	宜选用高聚物改性沥青防水卷材、合成高分子防水卷材、三毡四油沥青防水卷材、高聚物改性防水涂料、金属板材、合成高分子防水涂料、细石防水混凝土、平瓦、油毡瓦等材料	可选用二毡三油沥青防水卷材、高聚物改性防水涂料等材料

注:1. 本规范采用的沥青均指石油沥青,不包括煤沥青和煤焦油等材料。
2. 石油沥青纸胎油毡和沥青复合胎柔性防水卷材,系限制使用材料。
3. 在Ⅰ、Ⅱ级屋面防水设防中,如仅做一道金属板材时,应符合有关技术规定。

二、屋面工程设计的一般规定

(1)屋面工程设计应包括以下内容:

①确定屋面防水等级和设防要求。

②屋面工程的构造设计。

③防水层选用的材料及其主要物理性能。

④保温隔热层选用的材料及其主要物理性能。

⑤屋面细部构造的密封防水措施,选用的材料及其主要物理性能。

⑥屋面排水系统的设计。

(2)屋面工程防水设计应遵循“合理设防、防排结合、因地制宜、综合治理”的原则。

(3)屋面防水多道设防时,可将卷材、涂膜、细石防水混凝土、平瓦等材料复合使用,也可使用卷材叠层。

(4)屋面防水设计采用多种材料复合时,耐老化、耐穿刺的防水层应放在最上面,相邻材料之间应具相容性。

(5)不同地区采暖居住建筑和需要满足夏季隔热要求的建筑,其屋盖系统的最小传热阻应按现行《民用建筑热工设计规范》(GB 50176)、《民用建筑节能设计标准(采暖居住建筑部分)》(JGJ 26)和《夏热冬冷地区居住建筑节能设计标准》(JGJ 134)确定。

(6)屋面防水层细部构造,如天沟、檐沟、阴阳角、水落口、变形缝等部位应设置附加层。

(7)屋面工程采用的防水材料应符合环境保护的要求。

三、屋面工程的构造设计

(1)结构层为装配式钢筋混凝土板时,应用强度等级不小于C20的细石混凝土将板缝灌填密实;当板缝宽度大于40mm或上窄下宽时,应在缝中放置构造钢筋;板端缝应进行密封处理。

注:无保温层的屋面,板侧缝宜进行密封处理。

(2)单坡跨度大于9m的屋面宜做结构找坡,坡度不应小于3%。

(3)当采用材料找坡时,可用轻质材料或保温层找坡,坡度宜为2%。

(4)天沟、檐沟纵向坡度不应小于1%,沟底水落差不得超过200mm;天沟、檐沟排水不得流经变形缝和防火墙。

(5)卷材、涂膜防水层的基层应设找平层,找平层厚度和技术要求应符合表3-2的规定;找平层应留设分格缝,缝宽宜为5~20mm,纵、横缝的间距不宜大于6m,分格缝内宜嵌填密封材料。

找平层厚度和技术要求 表3-2

类 别	基层种类	厚度(mm)	技术要求
水泥砂浆找平层	整体现浇混凝土	15~20	1:2.5~1:3(水泥:砂)体积比,宜掺抗裂纤维
	整体或板状材料保温层	20~25	
	装配式混凝土板	20~30	
细石混凝土找平层	板状材料保温层	30~35	混凝土强度等级C20
混凝土随浇随抹	整体现浇混凝土	—	原浆表面抹平、压光

(6)在纬度40°以北地区且室内空气湿度大于75%,或其他地区室内空气湿度常年大于80%时,若采用吸湿性保温材料做保温层,应选用气密性、水密性好的防水卷材或防水涂料做隔气层。

隔气层应沿墙面向上铺设,并与屋面的防水层相连接,形成全封闭的整体。

(7)多种防水材料复合使用时,应符合下列规定:

①合成高分子卷材或合成高分子涂膜的上部,不得采用热熔型卷材或涂料。

②卷材与涂膜复合使用时,涂膜宜放在下部。

③卷材、涂膜与刚性材料复合使用时,刚性材料应设置在柔性材料的上部。

④反应型涂料和热熔型改性沥青涂料,可作为与铺贴材料相容的卷材胶黏剂并进行复合防水。

(8)涂膜防水层应以厚度表示,不得用涂刷的遍数表示。

(9)卷材、涂膜防水层上设置块体材料或水泥砂浆、细石混凝土时,应在二者之间设置隔离层；在细石混凝土防水层与结构层间宜设置隔离层。

隔离层可采用干铺塑料膜、土工布或卷材，也可采用铺抹低强度等级的砂浆。

(10)在下列情况中，不得作为屋面的一道防水层进行设防：

①混凝土结构层。

②现喷硬质聚氨酯等泡沫塑料保温层。

③装饰瓦以及不搭接瓦的屋面。

④隔气层。

⑤卷材或涂膜厚度不符合规范规定的防水层。

(11)柔性防水层上应设保护层，可采用浅色涂料、铝箔、粒砂、块体材料、水泥砂浆、细石混凝土等材料；水泥砂浆、细石混凝土保护层应设分格缝。

架空屋面、倒置式屋面的柔性防水层上可不做保护层。

(12)屋面水落管的数量，应按现行《建筑给水排水设计规范》(GB 50015—2009)的有关规定，通过水落管的排水量及水落管的屋面汇水面积计算确定。

四、屋面工程的材料选用

(1)屋面工程选用的防水材料应符合下列要求：

①图纸应标明防水材料的品种、型号、规格，其主要物理性能应符合规范对该材料质量指标的规定。

②在选择屋面防水卷材、涂料和接缝密封材料时，应按设计要求的有关内容选定。

③考虑施工环境的条件和工艺的可操作性。

(2)在下列情况下，所使用的材料应具有相容性：

①防水材料(指卷材、涂料，下同)与基层处理剂。

②防水材料与胶黏剂。

③防水材料与密封材料。

④防水材料与保护层的涂料。

⑤两种防水材料复合使用。

⑥基层处理剂与密封材料。

(3)根据建筑物的性质和屋面使用功能选择防水材料，除应符合规范的规定外，尚应符合以下要求：

①外露使用的不上人屋面，应选用与基层黏结力强和耐紫外线、耐酸雨、耐穿刺性能优良的防水材料。

②上人屋面，应选用耐穿刺、耐霉烂性能好和拉伸强度高的防水材料。

③蓄水屋面、种植屋面，应选用耐腐蚀、耐霉烂、耐穿刺性能优良的防水材料。

④薄壳、装配式结构和钢结构等大跨度建筑屋面，应选用自重小和耐热性、适应变形能力优良的防水材料。

⑤倒置式屋面，应选用适应变形能力优良、接缝密封保证率高的防水材料。

⑥斜坡屋面，应选用与基层黏结力强、感温性小的防水材料。

⑦屋面接缝密封防水，应选用与基层黏结力强、耐低温性能优良，并有一定适应位移能力的密封材料。

(4)屋面应选用吸水率低、密度和导热系数小，并有一定强度的保温材料；封闭式保温层的含水率，可根据当地年平均相对湿度所对应的相对含水率以及该材料的质量吸水率，通过计算确定。

(5)屋面工程常用防水、保温隔热材料，应遵照规范选定。

子情境1 屋面细石混凝土防水施工

屋面细石混凝土适用于防水等级为Ⅰ~Ⅲ级的屋面防水；不适用于设有松散材料保温层的屋面、受较大振动或冲击的屋面和坡度大于15%的建筑屋面。

一、施工准备

1. 技术准备

(1)熟悉和会审图纸；掌握和了解设计意图；收集有关技术资料，如《屋面工程技术规范》(GB 50345—2004)的"7 刚性防水面"部分。

《屋面工程技术规范》(GB 50345—2004)相关条文

7 刚性防水屋面

7.1 一般规定

7.1.1 刚性防水屋面主要适用于防水等级为Ⅲ级的屋面防水，也可用作Ⅰ、Ⅱ级屋面多道防水设防中的一道防水层；刚性防水层不适用于受较大振动或冲击的建筑屋面。

7.1.2 屋面板缝处理应符合本规范第4.2.1条的规定。

7.1.3 刚性防水层与山墙、女儿墙以及凸出屋面结构的交接处应留缝隙，并应做柔性密封处理。

7.1.4 细石混凝土防水层与基层间宜设置隔离层。

7.1.5 防水层的细石混凝土宜掺外加剂(膨胀剂、减水剂、防水剂)以及掺和料、钢纤维等材料，并应用机械搅拌和机械振捣。

7.1.6 刚性防水层应设置分格缝，分格缝内应嵌填密封材料。

7.1.7 天沟、檐沟应用水泥砂浆找坡，找坡厚度大于20mm时宜采用细石混凝土。

7.1.8 刚性防水层内严禁埋设管线。

7.1.9 刚性防水层施工环境气温宜为5~35℃，并应避免在负温度或烈日暴晒下施工。

7.2 材料要求

7.2.1 防水层的细石混凝土宜用普通硅酸盐水泥或硅酸盐水泥，不得使用火山灰质硅酸盐水泥；当采用矿渣硅酸盐水泥时，应采取减少泌水性的措施。

7.2.2 防水层内配置的钢筋宜采用冷拔低碳钢丝。

7.2.3 防水层的细石混凝土中，粗集料的最大粒径不宜大于15mm，含泥量不应大于1%；细集料应采用中砂或粗砂，含泥量不应大于2%。

7.2.4 防水层细石混凝土使用的外加剂，应根据不同品种的适用范围、技术要求选择。

7.2.5 水泥储存时，应防止受潮，存放期不得超过三个月。当超过存放期限时，应重新检验确定水泥强度等级。受潮结块的水泥不得使用。

7.2.6 外加剂应分类保管，不得混杂，并应存放于阴凉、通风、干燥处。运输时应避免雨淋、日晒和受潮。

7.3 设计要点

7.3.1 选择刚性防水设计方案时，应根据屋面防水设防要求、地区条件和建筑结构特点等因素，经技术经济比较确定。

7.3.2 刚性防水屋面应采用结构找坡，坡度宜为2%~3%。

7.3.3 细石混凝土防水层的厚度不应小于40mm，并应配置直径为4~6mm、间距为100~200mm的双向钢筋网片；钢筋网片在分格缝处应断开，其保护层厚度不应小于10mm。

7.3.4 防水层的分格缝应设在屋面板的支承端、屋面转折处、防水层与凸出屋面结构的交接处，并应与板缝对齐。

普通细石混凝土和补偿收缩混凝土防水层的分格缝，其纵、横间距不宜大于6m。

7.3.5　补偿收缩混凝土的自由膨胀率应为0.05%～0.1%。

7.4　细部构造

7.4.1　普通细石混凝土和补偿收缩混凝土防水层，分格缝的宽度宜为5～30mm，分格缝内应嵌填密封材料，上部应设置保护层(图7.4.1)

7.4.2　刚性防水层与山墙、女儿墙交接处，应留宽度为30mm的缝隙，并应用密封材料嵌填；泛水处应铺设卷材或涂膜附加层(图7.4.2)。卷材或涂膜的收头处理，应符合本规范第5.4.3条和第6.4.3条的规定。

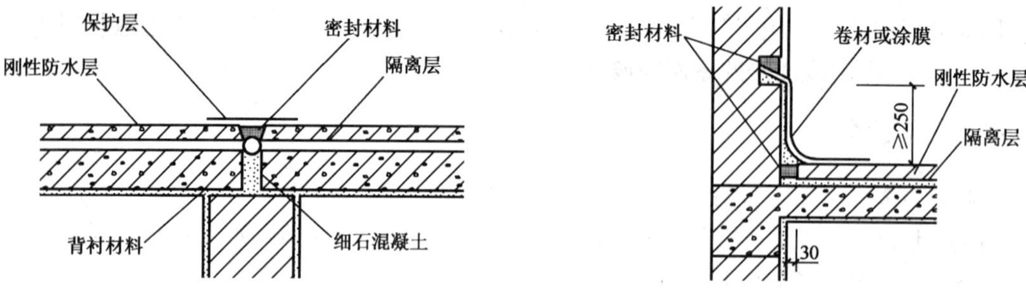

图7.4.1　屋面分格缝

图7.4.2　屋面泛水(尺寸单位:mm)

7.4.3　刚性防水层与变形缝两侧墙体交接处应留宽度为30mm的缝隙，并应用密封材料嵌填；泛水处应铺设卷材或涂膜附加层；变形缝中应填充泡沫塑料，其上填放衬垫材料，并应用卷材封盖，顶部应加扣混凝土盖板或金属盖板(图7.4.3)

7.4.4　水落口防水构造应符合本规范第5.4.5条的规定。

7.4.5　伸出屋面管道与刚性防水层交接处应留设缝隙，用密封材料嵌填，并应加设卷材或涂膜附加层；收头处应固定密封(图7.4.5)。

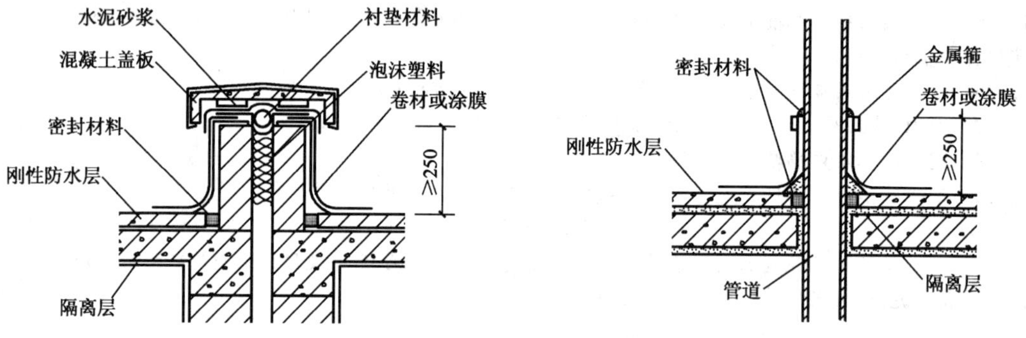

图7.4.3　屋面变形缝(尺寸单位:mm)

图7.4.5　伸出屋面管道(尺寸单位:mm)

7.5　普通细石混凝土防水层施工

7.5.1　混凝土水灰比不应大于0.55，每立方米混凝土的水泥和掺和料用量不应小于330kg，砂率宜为30%～40%，灰砂比宜为1:2～1:2.5。

7.5.2　细石混凝土防水层中的钢筋网片，施工时应放置在混凝土中的上部。

7.5.3　分格条安装位置应准确，起条时不得损坏分格缝处的混凝土；当采用切割法施工时，分格缝的切割深度宜为防水层厚度的3/4。

7.5.4　普通细石混凝土中掺入减水剂、防水剂时，应准确计量，投料顺序得当，搅拌均匀。

7.5.5　混凝土搅拌时间不应少于2min，混凝土运输过程中应防止漏浆和离析；每个分格板块的混凝土应一次浇筑完成，不得留施工缝；抹压时不得在表面洒水、加水泥浆或撒干水泥，混凝土收水后应进行二次压光。

7.5.6　防水层的节点施工应符合设计要求。预留孔洞和预埋件位置应准确；安装管件后，其周围应按设计要求嵌填密实。

7.5.7　混凝土浇筑后应及时进行养护，养护时间不宜少于14d；养护初期屋面不得上人。

(2)编制相关的施工方案或技术措施。

(3)向操作人员进行书面技术交底或对操作人员进行培训。

(4)细石混凝土的配合比设计,已由试验室经过试配确定,并提出了配合比通知单。

(5)各种外加剂已经过试验,并确定其掺量。

(6)熟悉质量标准,确定质量目标和检验要求。

(7)掌握天气情况资料。

2. 主要施工机具设备

(1)机械设备:混凝土搅拌机、物料提升机或塔吊等。

(2)主要工具:铁抹子、木抹子、木刮板、平锹、手推胶轮车、扫把、水桶、斧子、锤子、铲刀、油刷、油锅油桶及油壶、滚筒等。

3. 材料准备

(1)材料准备。

①混凝土所需的砂、石、水泥和钢丝等材料的进场数量,能满足屋面防水工程的使用。

②现场材料已按规定进行了现场抽样复验,并提出复验报告,技术性能符合要求。

③水泥、钢丝等材料应有产品合格证书和性能检测报告,并符合现行国家产品标准和设计要求。

(2)材料要求。

①水泥。宜采用普通硅酸盐水泥或硅酸盐水泥;当采用矿渣硅酸盐水泥时,应采取减少泌水性的措施;水泥的强度等级不低于 32.5 级,不得使用火山灰质硅酸盐水泥,要求新鲜无结块。水泥应有出厂合格证,质量标准应符合国家标准的要求。

②砂(细集料)。应符合现行《普通混凝土用砂、石质量及检验方法标准》(JGJ 52—2006)的规定,宜采用中砂或粗砂,含泥量不大于 2%,否则应冲洗干净。如用特细砂、山砂时,应符合《特细砂混凝土配制及应用规程》(BJG 19—65)的规定。

③石子(粗集料)。应符合《普通混凝土用砂、石质量及检验方法标准》(JGJ 52—2006)的规定,宜采用质地坚硬、最大粒径不超过 15mm、级配良好、含泥量不超过 1% 的碎石或砾石,否则应冲洗干净。

④钢丝。宜采用 ϕb4 冷拔低碳钢丝,其材质和性能应符合有关现行国家标准的规定,并应有出厂质量合格证。钢筋网片应在分格缝处断开,其保护层厚度不小于 10mm。

⑤外加剂。常用 UEA 微膨胀剂、木质素酸钙减水剂,应符合有关现行国家标准的规定,有出厂质量合格证。

⑥水。水中不得含有影响水泥正常凝结硬化的糖类、油类及有机物等有害物质,硫酸盐及硫化物较多的水不能使用,pH 值不得小于 4。一般自来水和饮用水均可使用。

⑦混凝土及砂浆。混凝土水灰比不应大于 0.55;每立方米混凝土水泥用量不应小于 330kg;含砂率宜为 35% ~40%;灰砂比宜为 1:2 ~1:2.5,混凝土强度等级不应低于 C20;并宜掺入外加剂。普通细石混凝土、补偿收缩混凝土的自由膨胀率应为 0.05% ~0.1%。

⑧嵌缝油膏。常用聚氯乙烯胶泥和建筑防水沥青油膏,其质量应符合有关现行国家标准的规定,并有出厂合格证。

⑨盖缝材料。宜用玛蹄脂粘贴油毡条或防水冷胶料粘贴玻璃布,其质量应符合有关现行国家标准的规定。

⑩隔离层材料。一般采用干铺卷材，涂刷废机油加滑石粉、乳化沥青，抹纸筋灰、麻刀灰等。

4. 作业条件

（1）屋面结构层或隔热层施工完成，已进行隐蔽工程检查，并办理交接验收手续。

（2）穿过屋面的各种预埋管件根部及烟囱、女儿墙、屋顶水池、机房、伸缩缝、天沟等根部均已按设计要求施工完毕。

（3）屋面根据坡度的要求，弹好坡度控制线，并进行清扫。

（4）垂直和水平运输设施能满足使用要求，安全可靠。

（5）消防设施齐全，安全设施可靠，劳保用品已能满足施工操作人员的需要。

二、施工操作工艺

1. 工艺流程图

屋面细石混凝土防水施工工艺流程如图 3-1 所示。

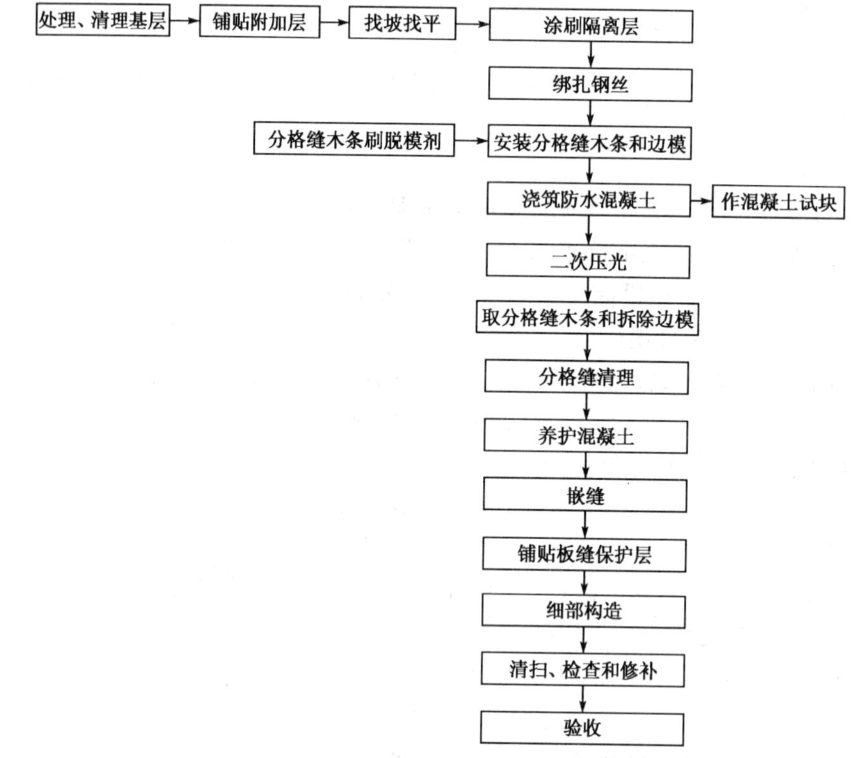

图 3-1　刚性防水层施工工艺流程图

2. 施工操作要点

（1）处理、清理基层。基层上的混凝土或砂等浮渣杂物应清理干净。

（2）隔离层施工。

刚性防水层和结构层之间应脱离，即在结构层与刚性防水层之间增加一层低强度等级砂浆、卷材、塑料薄膜等材料，起隔离作用，使结构层和刚性防水层变形互不受约束，以减少刚性防水层的开裂。

①黏土砂浆隔离层施工。

预制板缝填嵌细石混凝土后板面应清扫干净，洒水湿润，但不得积水，将配合比为石灰膏：砂：黏土 =1：2.4：3.6 的材料拌和均匀，砂浆以干稠为宜，铺抹的厚度约 10 ~ 20mm，要求表面平整，压实、抹光，待砂浆基本干燥后，方可进行下道工序施工。

②石灰砂浆隔离层施工。

施工方法同①。砂浆配合比为石灰膏：砂 = 1:4。

③水泥砂浆找平层铺卷材隔离层施工。

用 1:3 水泥砂浆将结构层找平，并压实抹光养护，再在干燥的找平层上铺一层 3 ~ 8mm 干细砂滑动层，在其上铺一层卷材，搭接缝用热沥青玛蹄脂盖缝。也可以在找平层上直接铺一层塑料薄膜。

因为隔离层材料强度低，在隔离层继续施工时，要注意对隔离层加强保护，混凝土运输不能直接在隔离层表面进行，应采取垫板等措施，绑扎钢筋时不得扎破表面，浇捣混凝土时更不能振酥隔离层。

(3)绑扎钢丝网。

①钢筋网配置应按设计要求，一般设置直径为 4 ~ 6mm、间距为 100 ~ 200mm 双向钢筋网片。网片采用绑扎和焊接均可，其位置以居中偏上为宜，保护层不小于 10mm。

②钢筋要调直，不得弯曲、锈蚀、沾油污。

③分格缝处钢筋网片要断开。为保证钢筋网片位置留置准确，可采用先在隔离层上满铺钢丝绑扎成型后，再按分格缝位置剪断的方法施工。

④钢筋网片应放置在混凝土中的上部。

(4)留置分格缝。

分格缝是为了减少因温差、混凝土干缩、徐变、荷载和振动、地基沉陷等变形造成刚性防水层开裂而设置的。分格缝部位应按设计要求设置，如设计无明确规定时，可按下述原则设置分格缝：

①分格缝应设置在结构层屋面板的支承端、屋面转折处（如屋脊）、防水层与凸出屋面结构的交接处，并应与板缝对齐。

②纵、横分格缝间距一般不大于 6m，或“一间一分格”，分格面积以不超过 $36m^2$ 为宜。

③现浇板与预制板交接处按结构要求留有伸缩缝、变形缝的部位。

④分格缝宜做成上宽下窄，一般上口宽 25 ~ 30mm、下口宽 15 ~ 20mm。

⑤分格缝可采用木板，在混凝土浇筑前支设。混凝土浇筑完毕，收水初凝后取出分格缝模板。或采用聚苯乙烯泡沫板支设。分格缝木条做成上口宽 25 ~ 30mm、下口宽 15 ~ 20mm，高度等于防水层厚度，木条埋入部分应涂刷隔离剂。

(5)浇筑防水混凝土。

①细石混凝土浇筑。

浇捣混凝土前，应将隔离层表面浮渣、杂物清除干净；检查隔离层质量及平整度、排水坡度和完整性；支好分格缝模板，标出混凝土浇捣厚度，厚度不应小于 40mm。

材料及混凝土质量要严格保证，经常检查是否按配合比准确计量，每工作班进行不少于两次的坍落度检查，并按规定制作检验的试块。加入外加剂时，应准确计量，投料顺序得当，搅拌均匀。

混凝土搅拌采用机械搅拌，搅拌时间不少于 2min。混凝土运输过程中应防止漏浆和离析。

采用掺加抗裂纤维的细石混凝土时，应先加入纤维干拌均匀后再加水，干拌时间不少于2min。

混凝土的浇捣按“先远后近、先高后低”的原则进行。

一个分格缝范围内的混凝土必须一次浇捣完成，不得留施工缝。

混凝土宜采用滚筒来回滚压，直至密实和表面泛浆。泛浆后用铁抹子压实抹平，并要确保防水层的设计厚度和排水坡度。

铺设、滚压混凝土时必须严格保证钢筋间距及位置的准确。

混凝土收水初凝后，及时取出分格缝隔板，用铁抹子第二次压实抹光，并及时修补分格缝的缺损部分，做到平直整齐；待混凝土终凝前进行第三次压实抹光，要求做到表面平光，不起砂、起皮、无抹板压痕为止。抹压时，不得洒干水泥或干水泥砂浆。

②补偿收缩混凝土防水施工。

用膨胀剂拌制补偿混凝土时，应按配合比准确称量；搅拌投料时，膨胀剂应与水泥同时加入。混凝土连续搅拌时间不应少于3min。其他要求同细石混凝土浇筑。

③刚性块体防水施工。

水泥砂浆中防水剂的掺量应准确，并应用机械搅拌均匀，随拌随用；铺抹底层水泥砂浆防水层时应均匀连续，不得留施工缝；当块材为普通烧结砖时，铺砌前应浸水湿透；铺砌宜连续进行；缝内挤浆高度宜为块材厚度的1/3～1/2。当铺砌必须间断时，块材侧面的残浆应清除干净。

采用普通烧结砖铺砌时，应直行平砌并与板缝垂直，不得采用人字形铺设。

块材铺设后，在铺砌砂浆终凝前不得上人踩踏。

面层施工时，块材之间的缝隙应用水泥砂浆灌满填实；面层水泥砂浆应二次压光，抹平压实。

面层施工完成后12～24h内应进行养护，养护时间不少于7d。养护初期屋面不得上人。

防水层的节点施工应符合设计要求。预留孔洞和预埋件位置应准确；安装管件后，其周围应按设计要求嵌填密实。

(6)养护。

混凝土浇筑12～24h后，立即进行养护。养护期间保证覆盖材料的湿润，并禁止闲人上屋面踩踏或在上继续施工。

细石混凝土经养护并干燥后即可嵌缝。

嵌缝前应将分格缝中的杂质、污垢清理干净，然后在缝内及两侧刷或喷冷底子油一遍，待干燥后，用油膏嵌缝并压密实。

密封材料嵌填必须密实、连续、饱满，黏结牢固，无气泡、开裂、脱落等缺陷。

(7)铺贴板缝保护层。

可采用卷材或玻璃纤维布覆盖，铺贴前先将板缝两侧150mm宽的板面清扫干净，再涂刷冷底子油，然后用玛蹄脂或冷胶料粘贴200～250mm宽卷材或玻璃纤维布。

(8)细部构造要求。参照《屋面工程施工工艺标准》(QB 308—07)“8.7 屋面细部构造施工工艺标准”的“3 刚性防水屋面细部构造”，具体内容如下。

(QB 308—07)8.7 屋面细部构造施工工艺标准

3 刚性防水屋面细部构造

3.0.1 普通细石混凝土和补偿收缩混凝土防水层的分格缝宽度宜为20～40mm。分格缝中应嵌填密封材料,上部铺贴防水卷材(图 3.0.1-1 和图 3.0.1-2)。

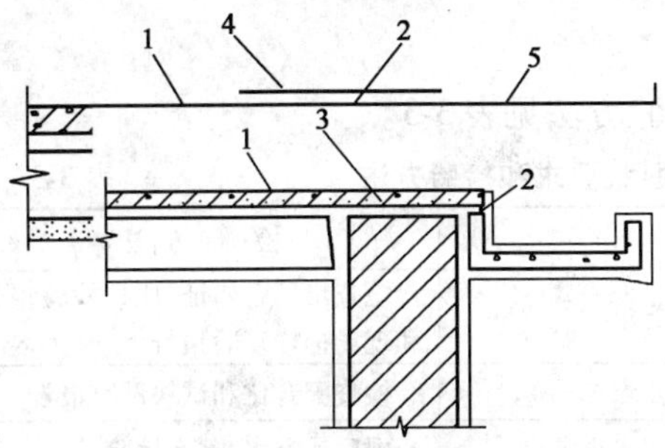

图 3.0.1-1 分格缝构造

1-刚性防水层;2-密封材料;3-背衬材料;4-防水卷材;5-隔离层

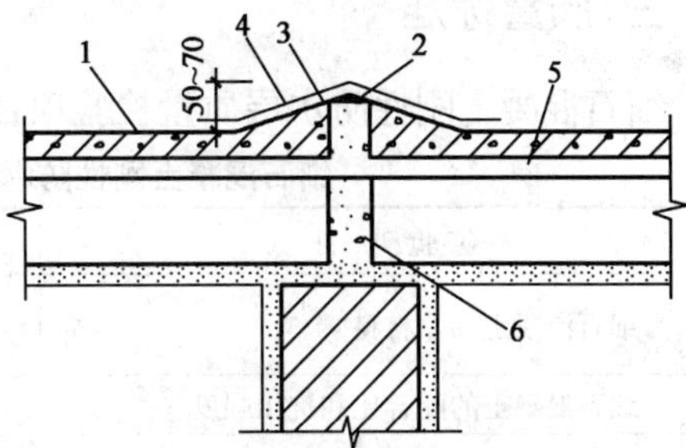

图 3.0.1-2 分格缝构造

1-刚性防水层;2-密封材料;3-背衬材料;4-防水卷材;5-隔离层;6-细石混凝土

3.0.2 细石混凝土防水层与天沟、檐沟的交接处应留凹槽,并应用密封材料封严(图 3.0.2)。

3.0.3 刚性防水层与山墙、女儿墙交接处应留宽度为 30mm 的缝隙,并应用密封材料嵌填。泛水处应铺设卷材或涂膜附加层(图 3.0.3) 。

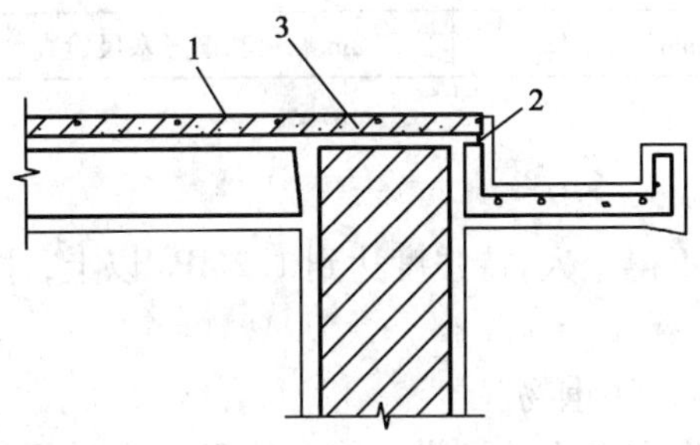

图 3.0.2 檐沟滴水

1-刚性防水层;2-密封材料;3-隔离层

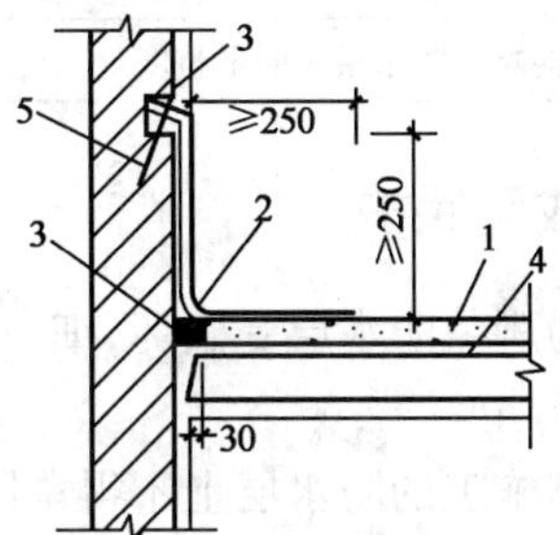

图 3.0.3 檐沟滴水(尺寸单位:mm)

1-刚性防水层;2-防水卷材或涂膜;3-密封材料;4-隔离层;5-水泥钉

3.0.4 刚性防水层与变形缝两侧墙体交接处应留宽度为 30mm 的缝隙,并应用密封材料嵌填;泛水处应铺设卷材或涂膜附加层;变形缝中应填充泡沫塑料或沥青麻丝,其上填放衬垫材料,并应用卷材封盖,顶部应加扣混凝土盖板或金属盖板(图 3.0.4)。

3.0.5 伸出屋面管道与刚性防水层交接处应留设缝隙,用密封材料嵌填,并应加设柔性防水附加层;收头处应固定密封(图 3.0.5)。

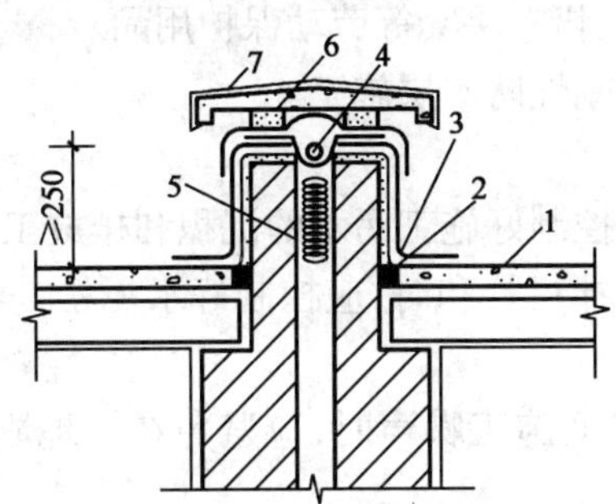

图 3.0.4 变形缝构造

1-刚性防水层;2-密封材料;3-防水卷材;4-衬垫材料;5-沥青麻丝;6-水泥砂浆;7-混凝土盖板

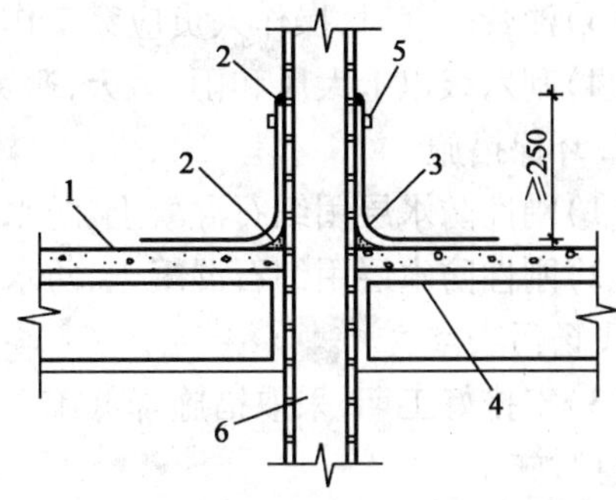

图 3.0.5 伸出屋面管道防水构造

1-刚性防水层;2-密封材料;3-卷材(涂膜)防水层;4-衬垫材料;5-金属箍;6-管道

三、质量标准

细石混凝土刚性防水层质量检验项目、要求和检验方法见表3-3。

细石混凝土刚性防水层质量检验项目、要求和检验方法　　表3-3

检验项目		要求	检验方法
主控项目	细石混凝土的原材料	必须符合设计要求	检查出厂合格证、质量检验报告和现场抽样复验报告
	细石混凝土的配合比和抗压强度	必须符合设计要求	检查配合比和试块试验报告
	细石混凝土防水层	不得有渗漏或积水现象	雨后或淋水、蓄水检验
	细石混凝土防水层在天沟、檐沟、檐口、水落口、泛水、变形缝和伸出屋面管道的防水构造	必须符合设计要求	观察检查和检查隐蔽工程验收记录
一般项目	细石混凝土防水层表面	应密实、平整、光滑，不得有裂缝、起壳、起皮、起砂	观察检查
	细石混凝土防水层厚度和钢筋位置	应符合设计要求	观察和尺量检查
	细石混凝土防水层分格缝的位置和间距	应符合设计要求	观察和尺量检查
	细石混凝土防水层表面平整度	允许偏差为5mm	用2m靠尺和楔形塞尺检查

四、成品保护

(1)为避免防水层受破坏，细石混凝土养护初期不得上人，待强度达到1.2MPa以上，才允许在其上行走。

(2)已施工的防水层上不得凿眼打洞或通过屋面运送重物。

(3)在细石混凝土防水层上进行其他作业，必须在混凝土达到设计强度的70%后进行。

(4)水落口、内排水口以及排汽道等部位应采取临时保护措施，防止杂物进入引起堵塞。

(5)临时堆放材料应分散堆设。

五、安全环保措施

1. 安全措施

(1)施工前应进行技术交底工作，施工操作符合安全技术规定。

(2)运输线路应畅通，各项运输设施应牢固可靠，屋面孔洞及檐口应有安全措施。

(3)油膏嵌缝时，操作人员应穿工作服，戴防护口罩、帆布手套等劳动保护用品。

(4)刮六级以上大风和雨、雪天，避免在屋面上进行刚性防水层施工。

2. 环保措施

(1)刚性防水层用细石混凝土、防水砂浆搅拌时，应控制好施工污水的沉积和排放工作。

(2)刚性防水层用细石混凝土、防水砂浆材料，用搅拌机拌和时，应控制好水泥粉尘，避免粉尘飞扬污染空气。

(3)安排好工期，采取措施降低施工噪声；当无法降低施工噪声时，应避免在工地附近居民休息时施工。

(4)嵌缝用沥青、油膏，施工前熬制时，应避免在风向下500m内有人群居住的地方熬制。

(5)施工中未用完的材料应及时安排处理，使用完的空桶和工具不能乱扔，更不能焚烧未用完的嵌缝沥青、油膏等材料。

六、质量记录

(1)施工图纸及设计变更文件。

(2)原材料出厂合格证、质量检验报告和进场复验报告。

(3)施工方案及技术交底记录。

(4)施工检验记录。

(5)施工记录、隐蔽记录、淋水蓄水试验记录。

(6)分项工程检验批验收记录。

(7)混凝土浇灌记录。

(8)其他必要的文件和记录。

子情境2 屋面防水卷材施工

屋面防水卷材适用于防水等级为Ⅰ~Ⅳ级的屋面防水。

本子情境主要专业名词概念如下。

卷材防水屋面:是指采用黏结胶粘贴卷材或采用带底面黏结胶的卷材进行热熔或冷黏结贴于屋面基层进行防水的屋面,其施工方法,有采用胶黏剂进行卷材与基层及卷材与卷材搭接黏结的方法;有利用卷材底面热熔胶热熔粘贴的方法;也有利用卷材底面自黏胶黏结的方法;还有采用冷胶粘贴或机械固定方法将卷材固定于基层,卷材间搭接采用焊接的方法等。卷材防水层应采用高聚物改性沥青防水卷材、合成高分子防水卷材或沥青防水卷材。

沥青防水卷材:是指用原纸、纤维织物、纤维毡等胎体材料浸涂沥青,表面撒布粉状、粒状或片状材料制成可卷曲的片状防水材料。

高聚物改性沥青防水卷材:是指以合成高分子聚合物改性沥青为涂盖层,纤维织物或纤维毡为胎体,粉状、粒状、片状或薄膜材料为覆面材料,制成可卷曲的片状防水材料。

合成高分子防水卷材:是指以合成橡胶、合成树脂或它们两者的混合体为基料,加入适量的化学助剂和填充料等,经不同工序加工而成可卷曲的片状防水材料;或把上述材料与合成纤维等复合形成两层或两层以上可卷曲的片状防水材料。

冷玛蹄脂:是指由石油沥青、填充料、溶剂等配制而成的冷用沥青胶结材料。

基层处理剂:是指为了增强防水材料与基层之间的黏结力,在防水层施工前,预先涂刷在基层上的涂料。

分格缝:是指为了减少裂缝,在屋面找平层、刚性防水层、刚性保护层上预先留设的缝。刚性保护层仅在表面上做成V形槽,称为表面分格缝。

满黏法(全黏法):是指铺贴防水卷材时,卷材与基层采用全部黏结的施工方法。

空铺法:是指铺贴防水卷材时,卷材与基层仅在四周一定宽度内黏结,其余部分不黏结的施工方法。

条黏法:是指铺贴防水卷材时,卷材与基层采用条状黏结的施工方法。每幅卷材与基层黏结面不少于两条,每条宽度不小于150mm。

点黏法:是指铺贴防水卷材时,卷材或打孔卷材与基层采用点状黏结的施工方法。每平方米黏结不少于5个点,每点面积为100mm×100mm。

热熔法:是指采用火焰加热器熔化热熔型防水卷材底层的热熔胶进行黏结的施工方法。

冷黏法(冷施工):是指采用胶黏剂或冷玛蹄脂进行卷材与基层、卷材与卷材的黏结,而不需要加热施工的方法。

自黏法:是指采用带有自黏胶的防水卷材,不用热施工,也不需涂胶结材料而进行黏结的施工方法。

热风焊接法:是指采用热空气焊枪进行防水卷材搭接黏合的施工方法。

改性沥青密封材料:是指以沥青为基料,用适量的合成高分子聚合物进行改性,加入填充料和其他化学助剂配制而成的膏状密封材料。

合成高分子密封材料:是指以合成高分子材料为主体,加入适量的化学助剂、填充料和着色剂,经过特定的生产工艺加工而成的膏状密封材料。

接缝位移:是指在屋盖系统中,因温度、外力引起接缝间隙的变化。

拉伸—压缩循环性:反映密封材料在使用过程中,因温度变化引起接缝位移而经受周期性拉、压循环后,保持密封的能力。

背衬材料:是指为控制密封材料的嵌填深度,防止密封材料和接缝底部黏结,在接缝底部与密封材料中间设置的可变形的材料。

一、施工准备

1. 技术准备

(1)熟悉和会审图纸,掌握和了解设计意图,收集有关该品种卷材防水层屋面的有关技术资料。

(2)编制相应的施工方案或技术措施。

(3)向操作人员进行书面的技术交底或对操作人员进行培训。

(4)熟悉质量标准,确定质量目标和检验要求。

(5)防水卷材现场抽样复验。

(6)掌握天气情况资料。

2. 主要施工机具设备

(1)机械设备:鼓风机、高压吹风机、电动搅拌器、热空气焊枪、火焰加热器、物料提升机或塔吊等。

(2)主要工具:带盖沥青锅、沥青桶、油壶、手推车、长柄板棕刷、胶皮板刷、长柄胶皮刮板、油勺、笊篱、磅秤、20mm 厚铁板、风管、刮刀、铲刀、钢丝刷、钢卷尺、小平锹、剪刀、工业温度计和滚筒等。

3. 材料准备

(1)材料准备。

①所有卷材应有产品质量证明文件,并符合现行国家产品标准和设计要求;

②进场的防水卷材已按规定进行了现场抽样复验,并提出复验报告,技术性能符合要求;

③防水卷材的进场数量,能满足屋面防水工程的使用;

④防水卷材使用的各种配套材料已准备齐全,质量符合规定,数量满足要求。

(2)材料要求。

①沥青防水卷材。

卷材:应选用不低于 350 号的石油沥青卷材;抗裂和耐久性要求较高的卷材防水层应选用沥青玻璃丝布卷材、再生橡胶卷材等,应有产品合格证书和性能检测报告,其质量和技术性能应符合设计及有关现行国家标准的要求。

沥青:常用的有建筑石油沥青(有10号、30号甲、30号乙)和普通石油沥青(有55号、60号),其技术指标应符合有关现行国家标准的规定。

粉料:常采用6~7级石棉纤维、滑石粉、白云石粉、石棉粉,要求含水率不大于3%,细度要求为0.15mm,筛孔筛余量不应大于5%,0.09mm筛孔筛余量应为10%~30%。

绿豆砂:又称豆石,粒径3~5mm,洁净、无杂质。

其他材料:汽油、煤油、轻柴油等。

②高聚物改性沥青防水卷材。

聚合物改性沥青卷材:有APP改性沥青卷材和SBS改性沥青卷材两种,并应有出厂合格证书和性能检测报告,其质量和技术性能应符合有关现行国家标准和设计要求。

聚乙烯膜胎改性沥青卷材:有聚乙烯膜氧化沥青卷材、聚乙烯膜改性氧化沥青卷材和聚乙烯膜聚合沥青卷材等,应有产品合格证书和性能检测报告,其质量和技术性能应符合设计及有关现行国家标准的要求。

氯丁胶黏剂:外观呈黑色,含固量30%;当为冷粘贴施工时,由氯丁橡胶加少量沥青及助剂配制而成。

基层处理剂:氯丁胶黏剂稀释液[氯丁胶黏剂:溶剂=1:(2~2.5)]。

稀释剂:二甲苯、甲苯、工业醇。

汽油。

③合成高分子防水卷材。

合成高分子卷材:常用的有三元乙丙、氯化聚乙烯—橡胶共混、氯化聚乙烯、LYX—603及聚氯乙烯卷材等,应有产品合格证书和性能检测报告,其质量和技术性能应符合设计及有关现行国家标准的要求。

胶黏剂:包括基层处理剂、基层胶黏剂、卷材接缝胶黏剂、局部增强处理材料、收头部位密封处理材料及表面保护用着色剂等,根据不同的卷材选用不同的胶黏剂。

水泥:用不低于32.5级普通硅酸盐水泥,配制聚合砂浆,作卷材边沿压缝处理。

107胶:配制聚合砂浆用。

砂子:用中砂,含泥量不大于3%。

稀释剂:用于稀释或清洗工具等。

(3)防水卷材现场抽样复验项目。

防水卷材及配套材料现场抽样数量和质量检验项目见表3-4。

防水卷材现场抽样复验项目 表3-4

材料名称	现场抽样数量	外观质量检验	物理性能检验
沥青防水卷材	大于1 000卷抽5卷,每500~1 000卷抽4卷,100~499卷抽3卷,100卷以下抽2卷,进行规格尺寸和外观质量检验。在外观质量检验合格的卷材中,任取1卷作物理性能检验	孔洞、硌伤、露胎、涂盖不匀,褶纹、皱褶、裂纹,裂口、缺边,每卷卷材的接头	纵向拉力,耐热度,柔度,不透水性
高聚物改性沥青防水卷材	大于1 000卷抽5卷,每500~1 000卷抽4卷,100~499卷抽3卷,100卷以下抽2卷,进行规格尺寸和外观质量检验。在外观质量检验合格的卷材中,任取1卷作物理性能检验	孔洞、缺边、裂口、边缘不整齐,胎体露白、未浸透,撒布材料粒度、颜色,每卷卷材的接头	拉力,最大拉力时延伸率,耐热度,低温柔度,不透水性

续上表

材料名称	现场抽样数量	外观质量检验	物理性能检验
合成高分子防水卷材	大于1 000卷抽5卷，每500～1 000卷抽4卷，100～499卷抽3卷，100卷以下抽2卷，进行规格尺寸和外观质量检验。在外观质量检验合格的卷材中，任取1卷作物理性能检验	折痕、杂质，胶块，凹痕，每卷卷材的接头	断裂拉伸强度，扯断伸长率，低温弯折，不透水性
石油沥青	同一批至少抽一次	—	针入度，延度，软化点
沥青玛蹄脂	每工作班至少抽一次	—	耐热度，柔韧度，黏结力

4. 作业条件

(1)屋面结构层或找平层已施工完成，已进行隐蔽工程检查，并办理交接验收手续。

(2)气候条件能满足铺贴卷材的需要。

(3)材料已运到现场，经检查质量符合要求，数量满足需要。

(4)垂直和水平运输设施能满足使用要求，安全可靠。

(5)消防设施齐全，安全设施可靠，劳保用品已能满足施工操作人员的需要。

二、施工操作工艺

1. 工艺流程图

(1)卷材防水层施工的一般工艺流程如图3-2所示。

(2)卷材防水屋面的施工方法和适用范围。

卷材防水屋面目前常见的施工类别有热施工工艺、冷施工工艺、机械固定工艺三大类。每一种施工工艺又有若干不同的施工方法，各种不同的施工方法又各有其不同的适用范围。因此，施工时应根据不同的设计要求、材料情况、工程具体做法等选定合适的施工方法。卷材防水屋面的施工方法和适用范围可参考表3-5。

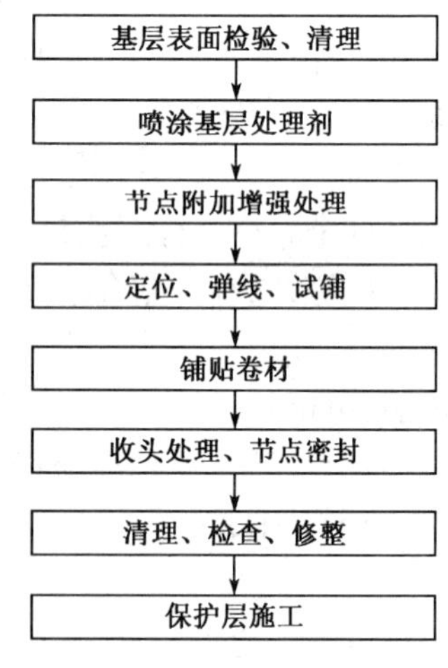

图3-2　卷材施工工艺流程图

卷材防水屋面的施工方法和适用范围　表3-5

工艺类别	名称	做法	适用范围
热施工工艺	热玛蹄脂黏结法	传统施工方法，边浇热玛蹄脂边滚铺卷材，逐层铺贴	石油沥青卷材三毡四油(二毡三油)叠层铺贴
	热熔法	采用火焰加热器熔化防水卷材底部的热熔胶进行黏结的方法	有底层热熔胶的高聚物改性沥青防水卷材
	热风焊接法	采用热空气焊枪加热防水卷材搭接缝进行黏结的方法	合成高分子防水卷材搭接缝焊接
冷施工工艺	冷玛蹄脂黏结法	采用工厂配制好的冷用沥青胶结材料，施工时不需加热，直接涂刮后粘贴卷材	石油沥青卷材三毡四油(二毡三油)叠层铺贴
	冷黏法	采用胶黏剂进行卷材与基层、卷材与卷材的黏结，而不需要加热的施工方法	合成高分子防水卷材、高聚物改性沥青防水卷材

续上表

工艺类别	名　称	做　法	适用范围
冷施工工艺	自黏法	采用带有自黏胶的防水卷材，不用热施工，也不需涂刷胶结材料，而直接进行黏结的方法	带有自黏胶的合成高分子防水卷材及高聚物改性沥青防水卷材
机械固定工艺	机械钉压法	采用镀锌钢钉或铜钉等固定卷材防水层的施工方法	多用于木基层上铺设高聚物改性沥青防水卷材
	压埋法	卷材与基层大部分不粘连，上面采用卵石等压埋，但搭接缝及周边要全黏	用于空铺法、倒置式屋面

2. 施工操作要点

(1)沥青防水卷材叠层热施工和叠层冷施工要点及注意事项。

检验、清理检查基层表面的施工质量是否符合要求。当出现局部凹凸不平、起砂起皮、裂缝以及预埋件不稳等缺陷时，必须有相关措施进行修补。检查基层含水率是否满足铺贴卷材的要求，达到要求后方可施工。其主要施工工艺操作要点及注意事项如下。

①冷底子油的涂刷。

配制冷底子油：先将沥青加热熔化，使其脱水至不起泡为止，然后将热沥青倒入桶中，冷却到110℃，按配合比将熔剂慢慢注入沥青中，搅拌均匀为止。配制好的冷底子油应加盖密封，以防挥发。冷底子油配合比(质量比)为60号石油沥青：汽油＝3：7或10号(30号)石油沥青：轻柴油＝1：1。

涂刷冷底子油：涂刷冷底子油应在基层基本干燥、清扫干净后进行。涂刷时间宜在铺卷材前1～2d进行。涂刷时采用橡皮滚刷或棕刷蘸油仔细涂刷，一般涂刷一遍，厚度以0.5mm为宜，要求均匀一致，不得漏刷和出现麻点、气泡等缺陷；冷底子油亦可采取机械喷涂。喷刷冷底子油，如需在潮湿基层上铺贴卷材时，亦可在找平层水泥砂浆凝结阶段或终凝后3～4h涂刷。

②节点附加增强处理。

檐口：将铺贴到檐口端头的卷材裁齐后压入凹槽内，然后将凹槽用密封材料嵌填密实。如用压条(20mm宽薄钢板等)或用带垫片钉子固定时，钉子应敲入凹槽内，钉帽及卷材端头用密封材料封严。

天沟、檐沟及水落口：天沟、檐沟卷材铺设前，应先对水落口进行密封处理。在水落口杯埋设时，水落口杯与竖管承插口的连接处应用密封材料嵌填密实，防止该部位在暴雨时产生倒水现象。水落口周围直径500mm范围内用防水涂料或密封材料涂封作为附加增强层，厚度不少于2mm，涂刷时应根据防水材料的种类采用不同的涂刷遍数来满足涂层的厚度要求。水落口杯与基层接触处应留宽10mm、深10mm的凹槽，嵌填密封材料。

由于天沟、檐沟部位水流量较大，防水层经常受雨水冲刷或浸泡，因此在天沟或檐沟转角处应先用密封材料涂封，每边宽度不少于30mm，干燥后再增铺一层卷材或涂刷涂料作为附加增强层。

天沟或檐沟铺贴卷材应从沟底开始，顺天沟从水落口向分水岭方向铺贴，边铺边用刮板从沟底中心向两侧刮压，赶出气泡使卷材铺贴平整，粘贴密实。如沟底过宽时，会有纵向搭接缝，搭接缝必须用密实材料封口。

铺至水落口的各层卷材和附加增强层，均应粘贴在杯口上，用雨水罩的底盘将其压紧，底盘与卷材间应满涂胶结材料予以黏结，底盘周围用密封材料填封。水落口处卷材裁剪方法如图 3-3 所示。

③泛水与卷材收头。

泛水是指屋面的转角与立墙部位。这些部位结构变形大，容易受太阳暴晒，因此，为了增强接头部位防水层的耐久性，一般要在这些部位加铺一层卷材或涂刷涂料作为附加增强层。如图 3-4 所示。附加层在立面和平面上各为 250mm。

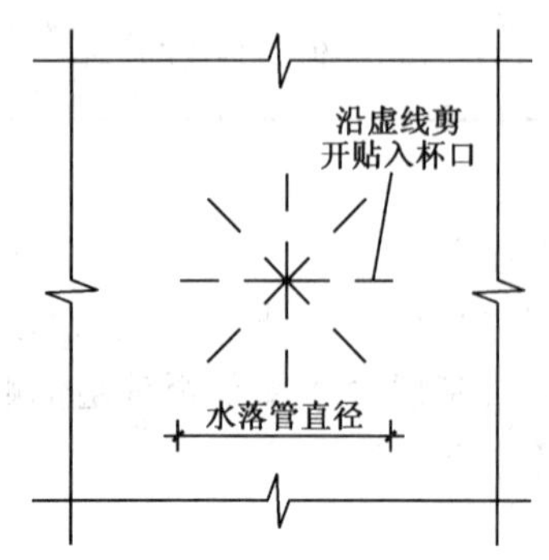

图 3-3　水落口处卷材剪贴方法

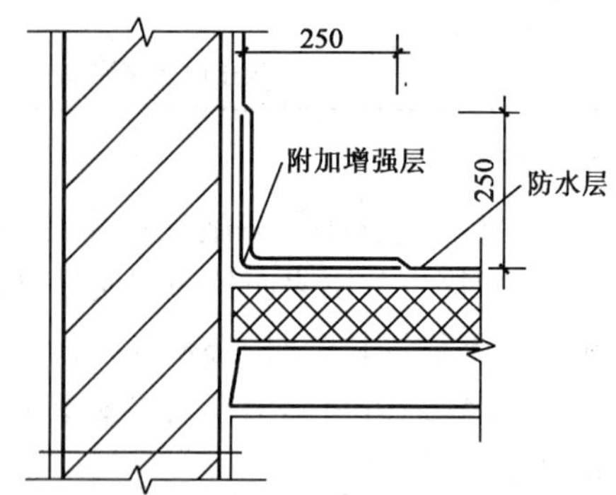

图 3-4　泛水附加层(尺寸单位:mm)

泛水部位卷材铺贴前，应先进行试铺，将立面卷材长度留足，先铺贴平面卷材。如先铺立面卷材，由于卷材自重作用，立面卷材张拉过紧，使用过程易产生翘边、空鼓、脱落等现象。

卷材铺贴完成后，将端头裁齐。若采用预留凹槽收头，将端头全部压入凹槽内，用压条钉压平整，再用密实材料封严，最后用水泥砂浆抹封凹槽。如无法预留凹槽，应先用带垫片钉子或金属压条将卷材端头固定在墙面上，用密封材料封严，再将防水卷材条用压条钉压住盖板，盖板与立墙间用密实材料封固或采用聚合物水泥砂浆将整个端头部位埋压。

④变形缝。

屋面变形缝是屋面上变形较大的部位，所以，处理时应注意以下要求：

附加墙与屋面交接处的泛水部位，应做好卷材附加增强层，立面和平面上附加层的宽度不小于 200mm；卷材防水层应粘贴到附加墙的顶面上，要求黏结牢固；缝中填塞沥青麻丝后，沿缝粘贴一层 U 形卷材，并在其内填嵌直径略大于缝宽的衬垫材料，如聚苯乙烯泡沫塑料棒、聚苯乙烯泡沫板等；上部覆盖一层盖缝卷材，并延伸到附加墙立面上，卷材在立面上应采用满黏法，铺贴宽度不小于 100mm，但卷材与附加墙顶面不宜黏结。

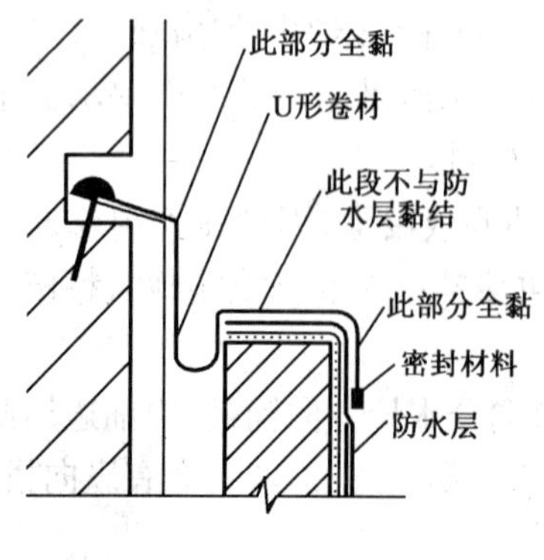

图 3-5　高低跨变形缝

而对高底跨变形缝进行处理时，还应注意以下事项：

跨附加墙泛水处应增加增强附加层；卷材防水层应铺至附加墙顶面缝边；在变形缝中填入沥青麻丝后，上做一层 U 形卷材，该卷材上部一端全黏在高跨外墙上，并压入墙上预留的凹槽内固定、密封；将 U 形卷材放入变形缝中，下部一端全黏于低跨附加墙侧面，用密封材料封口，如图 3-5 所示。

⑤排气孔与伸出屋面管道。

排气孔与屋面交角处卷材的铺贴方法和立墙与屋面转角处相似,所不同的是流水方向不应有逆槎,排气孔阴角处卷材应做附加增强层,上部剪口交叉贴实或者涂刷涂料增强。

伸出屋面管道卷材的铺贴与排气孔相似,但应加铺两层附加层。防水层铺贴后,上端用细铁丝扎紧,最后用密封材料密封,或焊上薄钢板泛水增强。附加层卷材裁剪方法参见水落口做法。

⑥阴阳角。

阴阳角处的基层,涂胶后要用密封材料涂封,宽度为距转角每边 100 mm,再铺一层卷材附加层,附加层卷材剪成图 3-6 所示形状。铺贴后剪缝处用密封材料封固。

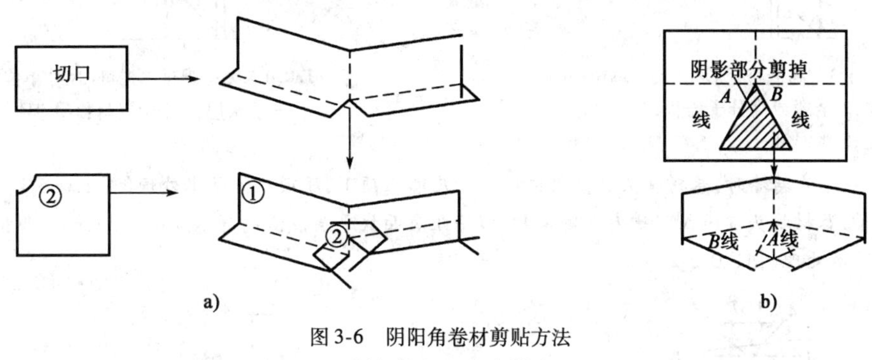

图 3-6　阴阳角卷材剪贴方法

a)阴角做法;b)阳角做法

⑦高低跨屋面。

高跨屋面向低跨屋面自由排水的低跨屋面,在受雨水冲刷的部位应采用满黏法铺贴,并加铺一层整幅的卷材,再浇抹宽 300 ~ 500mm、厚 30mm 的水泥砂浆或铺相同尺寸的块材加强保护。如为有组织排水,水落管下加设钢筋混凝土板或贴块材,应坐浆安放平稳。

⑧板缝缓冲层。

在无保温层的装配式屋面上铺贴卷材时,为避免因基层变形而拉裂卷材防水层,应沿屋架、梁或内承重墙的屋面板端缝上,先干铺一层宽为 300mm 的卷材条作缓冲层。为准确固定干铺卷材条的位置,可将干铺卷材条的一边点黏于基层上,但在檐口处 500mm 内要用胶结材料粘贴牢固。

⑨其他细部构造。

以贵州省施工工艺标准摘录相关内容如下。

7.7　屋面细部构造施工工艺标准(QB 308—07)

1　卷材防水屋面细部构造

1.0.1　天沟、檐沟与屋面交接处的附加层宜空铺,空铺宽度应为 200mm(图 1.0.1)。

1.0.2　天沟、檐沟卷材收头,应固定密封(图 1.0.2)。

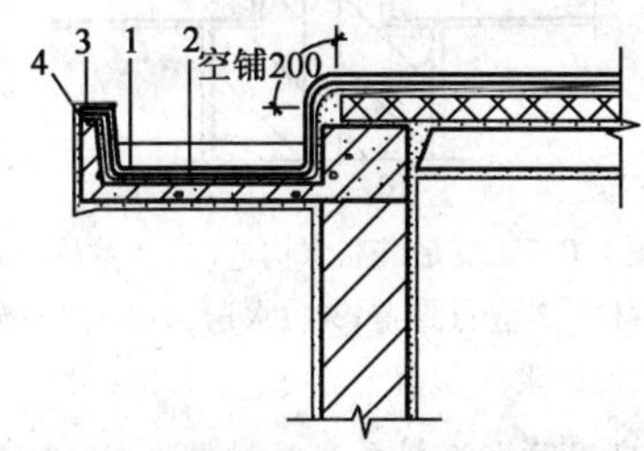

图 1.0.1　檐沟(尺寸单位:mm)

1-防水层;2-附加层;3-水泥钉;4-密封材料

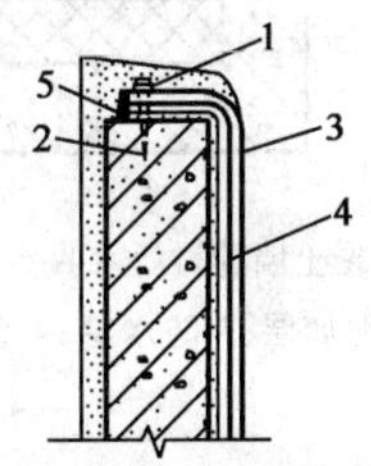

图 1.0.2　檐沟

1-钢压条;2-水泥钉;3-防水层;4-附加层;5-密封材料

1.0.3 高低跨内排水天沟与立墙交接处应采取能适应变形的密封处理(图1.0.3)。

1.0.4 无组织排水檐口800mm范围内卷材应采取满黏法;卷材收头应固定密封(图1.0.4)。

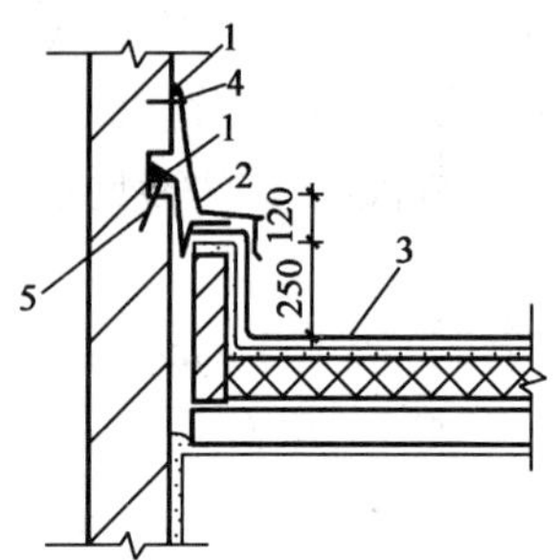

图1.0.3 高低跨变形缝(尺寸单位:mm)

1-密封材料;2-金属或高分子盖板;3-防水层;4-金属压条钉子固定;5-水泥钉

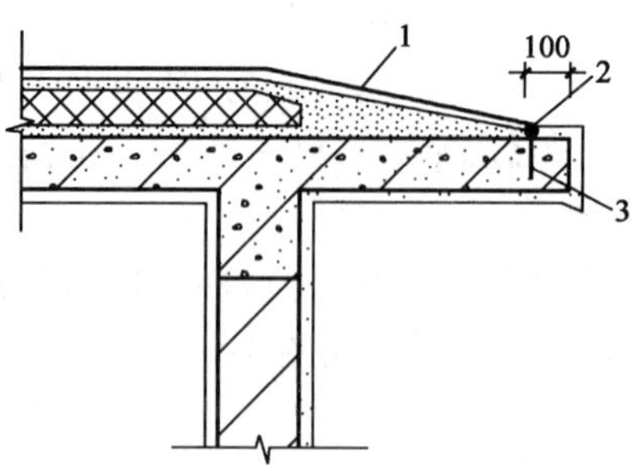

图1.0.4 无组织排水檐口(尺寸单位:mm)

1-防水层;2-密封材料;3-水泥钉

1.0.5 墙体为砖墙时,卷材收头可直接铺压在女儿墙压顶下,压顶应做防水处理(图1.0.5-1);也可在砖墙上留凹槽,卷材收头应压入凹槽内固定密封;凹槽距屋面找平层最低高度不应小于250mm,凹槽上部的墙体亦应做防水处理(图1.0.5-2)

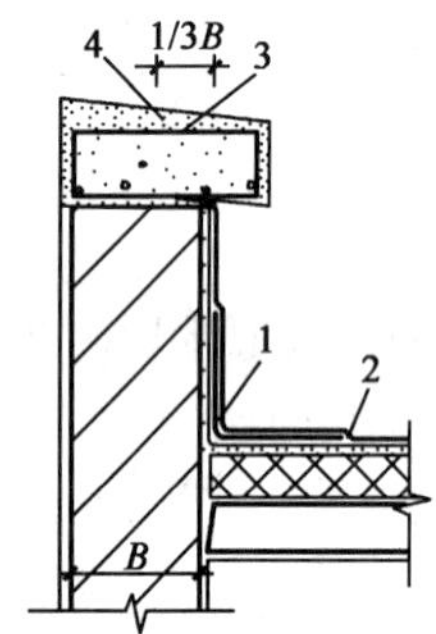

图1.0.5-1 卷材泛水收头

1-附加层;2-防水层;3-压顶;4-防水处理

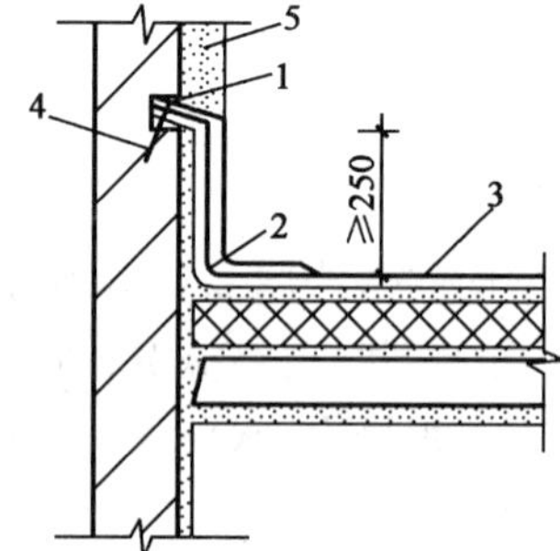

图1.0.5-2 砖墙卷材泛水收头(尺寸单位:mm)

1-密封材料;2-附加层;3-防水层;4-水泥钉;5-防水处理

1.0.6 墙体为混凝土时,卷材的收头可采用金属压条钉压,并用密封材料封固(图1.0.6)。

1.0.7 变形缝内宜填充泡沫塑料或沥青麻丝,上部填放衬垫材料,并用卷材封盖,顶部应加扣混凝土盖板或金属盖板(图1.0.7)。

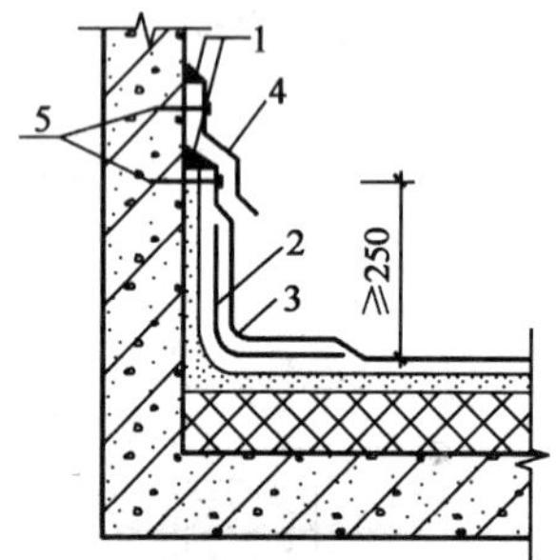

图1.0.6 混凝土墙卷材泛水收头(尺寸单位:mm)

1-密封材料;2-附加层;3-防水层;4-金属或合成高分子盖板;5-水泥钉

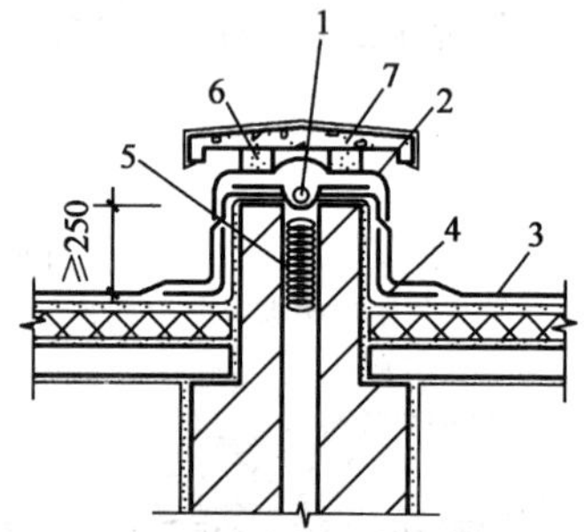

图1.0.7 变形缝防水构造(尺寸单位:mm)

1-衬垫材料;2-卷材封盖;3-防水层;4-附加层;5-沥青麻丝;6-水泥砂浆;7-混凝土盖板

1.0.8 水落口周围直径500mm范围内坡度不应小于5%,并应用防水涂料或密封材料涂封,其厚度不应小于2mm。水落口杯与基层接触处应留宽20mm、深20mm凹槽,嵌填密封材料(图1.0.8-1和图1.0.8-2)。

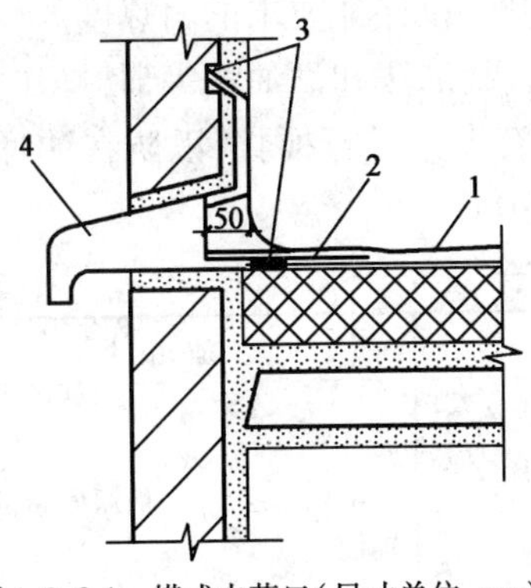

图 1.0.8-1　横式水落口(尺寸单位:mm)
1-防水层;2-附加层;3-密封材料;4-水落口

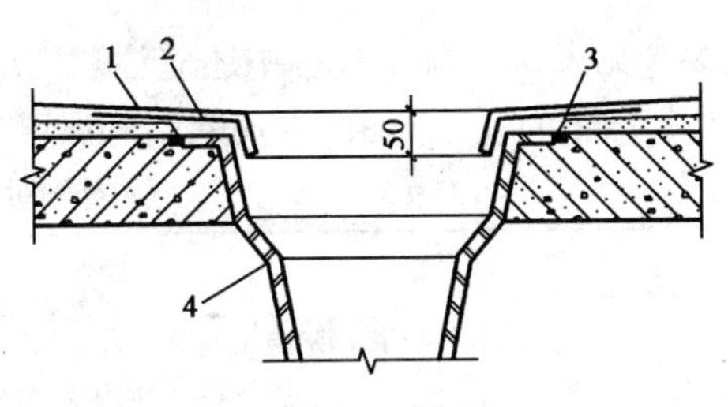

图 1.0.8-2　直式水落口(尺寸单位:mm)
1-防水层;2-附加层;3-密封材料;4-水落口杯

1.0.9　伸出屋面管道周围的找平层应做成圆锥台,管道与找平层间应留凹槽,并嵌填密封材料,防水层收头处应用金属箍箍紧,并用密封材料封严(图 1.0.9)。

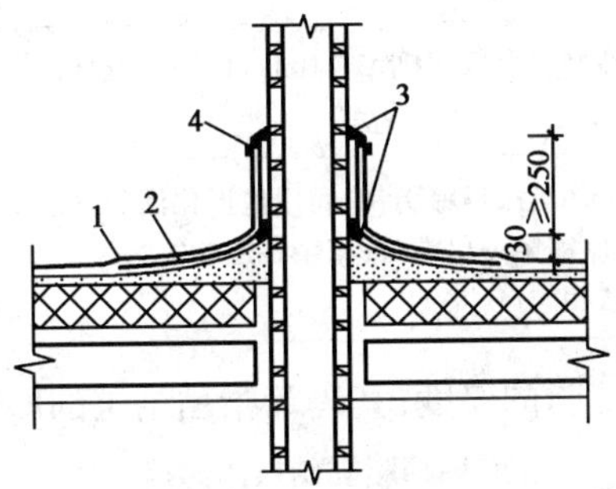

图 1.0.9　伸出屋面管道防水构造(尺寸单位:mm)
1-防水层;2-附加层;3-密封层;4-金属箍

1.0.10　屋面垂直出入口防水层收头应压在混凝土压顶圈下(图 1.0.10-1);水平出入口防水层收头应压在混凝土踏步下,防水层的泛水应设护墙(图 1.0.10-2)。

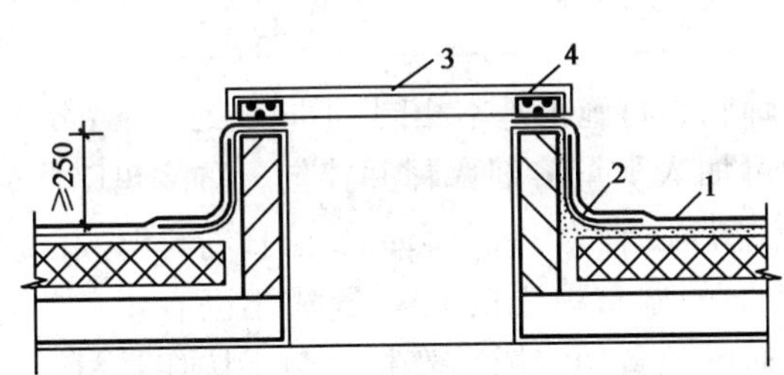

图 1.0.10-1　垂直出入口防水构造(尺寸单位:mm)
1-防水层;2-附加层;3-入孔盖;4-混凝土压顶圈

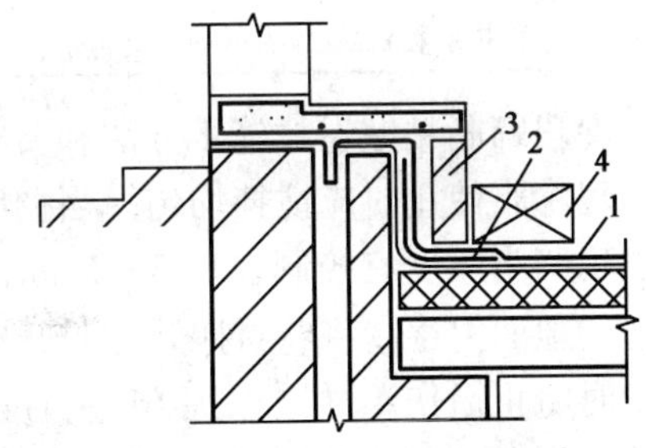

图 1.0.10-2　水平出入口防水构造
1-防水层;2-附加层;3-护墙;4-踏步

⑩浇刮热玛蹄脂(叠层热施工)施工要点。

配制玛蹄脂时,先将定量沥青破碎成 8 ~ 10cm 碎块,放在沥青熬制锅内均匀加热,并随时搅拌,用笊篱及时捞清油渣杂物,至脱水无泡沫时,再缓慢加入预热(120 ~ 140℃)干燥的填充料,同时不停地搅拌至达到规定温度(建筑石油沥青的熬制温度不高于 240℃,使用温度不低于 190℃;普通石油沥青的熬制温度不高于 280℃;使用温度不低于 240℃),表面无泡沫、疙瘩即可使用。玛蹄脂加热时间以 3 ~ 4h 为宜,并应在 8h 内用完;如有剩余,可与新熬制的玛蹄脂分批混合使用。熬好的玛蹄脂应逐锅检查软化点和韧性，以保证要求的耐热度。

浇涂玛蹄脂时，卷材铺贴铺油方法有浇油法、刷油法、刮油法和洒油法等，其操作要点及适用场合见表3-6，施工过程中还应注意玛蹄脂的保温，并有专人进行搅拌，以防在油桶、油壶内发生胶凝、沉淀。石油沥青玛蹄脂的温度最好为260～270℃。

卷材铺油方法及适用场合

表3-6

名　称	操作方法要点	适用场合
浇油法（赶油法）	将玛蹄脂用油壶左右来回浇在卷材的基层上，操作工人用两手按住卷材，均匀地用力向前推滚来铺平压实卷材，要避免铺斜；浇油宽度，卷材每边约小于1～2cm。铺设玛蹄脂的黏结层厚度控制在1～1.5mm；面层厚度，热沥青玛蹄脂宜为2～3mm，冷沥青玛蹄脂宜为1～1.5mm	干燥基层上，一般屋面卷材防水层的铺设
刷油法	用长柄棕刷或毛刷将玛蹄脂在基层上均匀刷开，刷油长度以30～50cm为宜，出卷材宽度不应大于5cm，然后迅速铺贴卷材	干燥基层上面坡屋面，或墙檐口等的铺设
刮油法	将玛蹄脂倒在基层上后，用厚5～10mm的胶皮刮板刮开，铺贴卷材	干燥基层上屋面的细部卷材铺设，或立面铺贴
洒油法	在卷材周围边部满涂玛蹄脂，中间用蛇形化洒的方法洒油（不满涂油）铺第一层卷材，其余各层均需满涂，操作方法与浇油法相同	用于潮湿基层上屋面防水层的铺设

施工中，还要注意控制玛蹄脂的厚度，其玛蹄脂黏结层的厚度具体见表3-7。

玛蹄脂黏结层的厚度

表3-7

黏结部位	黏结层的厚度（mm）	
	热玛蹄脂	冷玛蹄脂
卷材与基层黏结	1～1.5	0.5～1
卷材与卷材黏结	1～1.5	0.5～1
保护层粒料黏结	2～3	1～1.5

冷玛蹄脂粘贴卷材施工方法和要求与热玛蹄脂卷材施工基本相同，不同之处如下：

玛蹄脂使用时应搅拌均匀。当稠度过大时可加入少量溶剂稀释并拌匀。布冷玛蹄脂时，每层玛蹄脂厚度宜控制在0.5～1mm，面层玛蹄脂厚度宜为1～1.5mm。清扫卷材时，在宽敞平坦的地面上逐卷将卷材摊开，用扫帚将卷材表面的撒布物清扫干净，至露出沥青本色为止。清扫时防止损伤卷材，扫完后将卷材反卷，放在通风处备用。铺贴卷材时两手按住卷材，均匀地用力将卷材向前推滚，使卷材与下层紧密黏结。避免铺斜、扭曲和出现未黏结玛蹄脂之处。如为避免铺斜等情况发生，可以在基层或下层卷材上预先弹出通长灰线，按灰线推铺卷材。在推铺卷材时，操作的其他人员应将卷材边挤出的玛蹄脂及时刮去，并将卷材边压紧黏住，刮平、赶出气泡。如出现黏结不良的地方，可用小刀将卷材划破，再用玛蹄脂贴紧、封死、赶平，最后在上面加贴一块卷材将缝盖住。同时在铺贴卷材过程中，必须注意卷材的铺贴方向应根据屋面坡度和屋面是否有振动等来确定，如表3-8所示。

铺贴卷材顺序：防水层施工时，应先做好节点、附加层和屋面排水比较集中部位（如屋面与水落口连接处，檐口、天沟、檐沟、屋面转角处、板端缝等）的处理，然后由屋面最低标高处向上施工；铺贴天沟、檐沟卷材时，宜顺天沟、檐口方向，减少搭接；铺贴多跨和高低跨屋面时，应先远后近，先高跨后低跨。大面积屋面施工时，为提高工效和加强管理，可根据面积大小、屋面形状、施工工艺顺序、人员数量等因素划分流水施工段；施工段的界线宜设在屋脊、天沟、变形缝等处。

卷材铺贴方向　　表3-8

屋面坡度及工作条件	铺贴方向	屋面坡度及工作条件	铺贴方向
坡度小于3%时	平行于屋脊	屋面受振动时	垂直于屋脊
坡度为3%～15%时	平行或垂直屋脊	叠层铺贴时	上、下层卷材不得互相垂直
坡度大于15%时	垂直于屋脊	铺贴天沟、檐沟卷材时	宜顺天沟、檐沟方向，减少搭接
坡度大于25%时	应采取防止卷材下滑的固定措施		

卷材与基层的黏结方法可分为满黏法、条黏法、点黏法和空铺法等形式。通常都采用满黏法，而条黏、点黏和空铺法更适合于防水层上有重物覆盖或基层变形较大的场合，是一种克服基层变形拉裂卷材防水层的有效措施，设计中应明确规定，选择适用的工艺方法。

空铺法：铺贴卷材防水层时，卷材与基层仅在四周一定宽度内黏结，其余部分采取不黏结的施工方法。条黏法：铺贴卷材时，卷材与基层黏结面不少于两条，每条宽度不小于150mm。

点黏法：铺贴卷材时，卷材或打孔卷材与基层采用点状黏结的施工方法。每平方米黏结不少于5点，每点面积为100mm×100mm。

无论采用空铺、条黏还是点黏法，施工时都必须注意：距屋面周边800mm内的防水层应满黏，保证防水层四周与基层黏结牢固；卷材与卷材之间应满黏，保证搭接严密。

卷材防水层搭接缝的搭接宽度应符合表3-9的要求。

卷材搭接宽度　　表3-9

卷材种类	短边搭接宽度(mm)		长边搭接宽度(mm)	
	满黏法	空铺、点黏、条黏法	满黏法	空铺、点黏、条黏法
沥青防水卷材	100	150	70	100

按技术要求，卷材搭接缝平行于屋脊的搭接缝应顺流水方向搭接；垂直于屋脊的搭接缝应顺年最大频率风向搭接；叠层铺贴时，上、下层卷材间的搭接缝应错开1/3幅宽；叠层铺设的各层卷材，在天沟与屋面的连接处，应采用叉接搭法，上、下层及相邻两幅卷材的搭接缝应错开；相邻两幅卷材短边搭接缝应错开1/2幅宽，上、下两层应错开1/2或1/3幅宽。屋面坡度超过25%时，不应有短边方向的搭接。天沟、檐沟处的卷材搭接缝，宜留在屋面或天沟侧面，不宜留在沟底。

卷材收头处理：卷材收头是卷材防水层的关键部位，处理不好极易张口、翘边、脱落。因此，对卷材收头必须做到"固定、密封"，不同形式的卷材收头和做法见表3-10。

⑪保护层施工。

保护层可分为绿豆砂保护层、云母或蛭保护层、水泥砂浆保护层、板块材料保护层和细石混凝土保护层等类型。

用绿豆砂做保护层时，应在卷材表面涂刷最后1道沥青玛蹄脂时，趁热撒铺1层粒径为3～5mm的绿豆砂(或人工砂)，绿豆砂应铺撒均匀，全部嵌入沥青玛蹄脂中。绿豆砂应事先经过筛选，颗粒均匀，并用水冲洗干净。使用时应在铁板上预先加热干燥(温度为130～150℃)，以便与沥青玛蹄脂牢固地结合在一起。铺绿豆砂时，一人涂刷玛蹄脂，另一人趁热撒砂子,第三人用扫帚扫平或用刮板刮平。撒时要均匀,扫时要铺平,不能有重叠堆积现象,扫过后马上用滚筒轻轻滚1遍,使砂粒一半嵌入玛蹄脂内。滚压时不得用力过猛,以免刺破卷材。铺绿豆砂应沿屋脊方向,顺卷材的接缝全面向前推进。由于绿豆砂颗粒较小,在大雨时容易被水冲刷掉,同时还易堵塞水落口,雨量较大的地区宜采用粒径为6~10mm的小豆石,效果较好。

卷材收头处理 表3-10

收头形式	简图	做法要求
立面凹槽收头	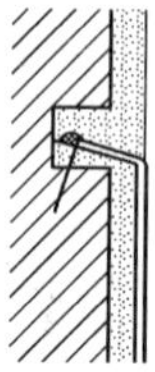	一般在砖砌体墙上预留60mm×60mm的凹槽,槽内用水泥砂浆抹出平整的斜坡和用压条和水泥钉钉入凹槽内固定,再用密封材料封口,水泥砂浆抹平
平面凹槽收头	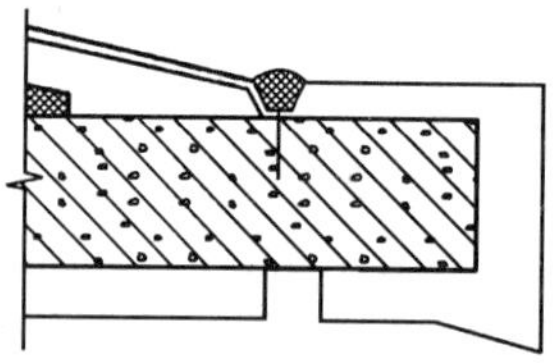	一般多用于无组织排水屋面,在抹找平层时,离开檐口100mm抹出40mm×20mm的梯形凹槽,将卷材收头压入凹槽,再用压条和水泥钉钉压,上面用密封材料封严
埋压收头	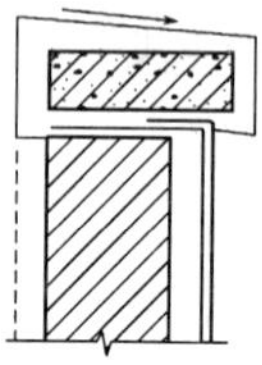	当女儿墙较低时,可将卷材直接铺贴到女儿墙顶部,1/3砖墙厚度,上面用压顶埋压
立面钉压收头	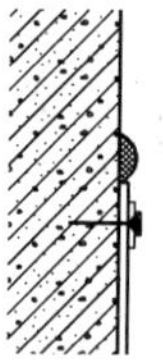	在混凝土女儿墙上不易留凹槽时,可将卷材粘贴在立墙上后,用压条和水泥钉钉压,卷材上口用密封材料封严,上面再用金属或合成高分子盖板保护
平面钉压收头	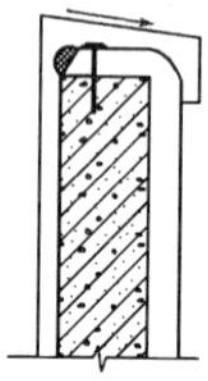	对于天沟、檐沟处的防水卷材收头,可将卷材用水泥钉钉压在混凝土沟帮上面,再用密封材料封口,上面抹水泥砂浆保护

用云母或蛭石做保护层时,当涂刷最后一道涂料时,应边涂刷边撒布云母或蛭石,保护层不得有粉料,撒铺应均匀,不得露底,同时应用软质的胶辊在保护层上反复轻轻滚压,务必使保护层牢固地黏结在涂层上。涂层干燥后,应清除未黏结材料和多余的云母或蛭石。

用水泥砂浆做保护层时,水泥砂浆保护层与防水层之间应设置隔离层,隔离层可采用石灰水等薄质低黏结力涂料,保护层用的水泥砂浆配合比一般为水泥:砂=1:2.25~3(体积比)。保护层施工前应根据结构情况每隔4~6m用木板条或泡沫条设置纵、横分格缝,分格面积宜

为 $1m^2$。铺设水泥砂浆时,应随铺随拍实,并用刮尺找平,随即用直径为 8～10mm 的钢筋或麻绳压出表面分格缝,间距不大于 1m。终凝前用铁抹子压光保护层。为了保证立面水泥砂浆保护层黏结牢固,在立面防水层施工时,预先在防水层表面黏上砂粒或小豆石。若防水层为防水涂料,应在最后 1 道涂料涂刷时,边涂边撒布细纱,同时用软质胶辊轻轻滚压,使砂粒牢固地黏结在涂层上;若防水层为沥青或改性沥青防水卷材,可用喷灯将防水层表面烤热发软后,将细砂或豆石黏在防水层表面,再用压辊轻轻滚压,使之黏结牢固。对于高分子卷材防水层,可在其表面涂刷 1 层胶黏剂后黏上细砂,并轻轻压实。防水层养护完毕后,即可进行立面保护层的施工。

用板块材料保护层时,预制板块保护层的结合层宜采用砂或水泥砂浆。板块铺砌前应根据排水坡度要求挂线,以满足排水要求,保护层铺砌的块体应横平竖直。在砂结合层上铺砌块体时,砂结合层应洒水压实,并用刮尺刮平,以满足块体铺设的平整度要求。块体应对接铺砌,缝隙宽度一般为 10mm 左右。块体铺砌完成后,应适当洒水并轻轻拍平压实,以免产生翘角现象。板缝先用砂填至一半的高度,然后用 1∶2 的水泥砂浆勾成凹缝。为防止砂子流失,在保护层四周 500mm 范围内,应改用低强度等级水泥砂浆做结合层。采用水泥砂浆做结合层时,应先在防水层上做隔离层。预制块体应先浸水湿润并阴干,如板块尺寸较大,可采用铺灰法铺砌,即先在隔离层上将水泥砂浆摊开,然后摆放预制块体;如板块尺寸较小,可将水泥砂浆刮在预制板块的黏结面上再进行摆铺。每块预制块摆铺完后,应立即挤压密实、平整,使块体与结合层之间不留空隙。铺砌工作应在水泥砂浆凝结前完成,块体间预留 10mm 的缝隙,铺砌 1～2d 后用 1∶2 水泥砂浆勾成凹缝。为了防止因热胀冷缩而造成板块拱起或板缝开裂过大,块体保护层每 $100m^2$ 以内应留设分格缝,缝宽 20mm,缝内嵌填密封材料。上人屋面的预制块体保护层,块体材料应按照楼地面工程质量要求选用,结合层应选用 1∶2 的水泥砂浆。

用细石混凝土做保护层时,在细石混凝土整浇保护层施工前,也应在防水层上铺设一层隔离层,并按设计要求支设好分格缝木板条或泡沫条。设计无要求时,每格面积不大于 $36m^2$,分格缝宽度为 10～20mm。一个分格内的混凝土应尽可能连续浇筑,不留施工缝,保护层混凝土应密实。振捣宜采用铁辊滚压或人工拍实,不宜采用机械振捣,以免破坏防水层。振实后随即用刮尺按排水坡度刮平,并在初凝前用木抹子提浆抹平,初凝后及时取出分格缝木模(泡沫条不用取出),终凝前用铁抹子压光。抹平压光时不宜在表面掺加水泥砂浆或干灰,否则表层砂浆易产生裂缝与剥落现象。若采用配筋细石混凝土做保护层时,钢筋网片的位置设置在保护层中间偏上部位,在铺设钢筋网片时用砂浆垫块支垫。细石混凝土保护层浇筑完后,应及时进行养护,养护时间不应少于 7d。养护完成后,将分格缝清理干净(泡沫条割去上部 10mm 即可),嵌填密封材料。刚性保护层与女儿墙、山墙之间应预留宽度为 30mm 的缝隙,并用密封材料嵌填严密。

(2)高聚物改性沥青卷材施工要点及注意事项。

①基层表面检验、清理。应用水泥砂浆找平,并按设计要求找好坡度,做到平整、坚实、清洁,无凹凸形、尖锐颗粒,用 2m 直尺检查,最大空隙不应超过 5mm,表面处理成细麻面。

②节点附加增强处理。对排水口、管子根、烟囱底部易发生渗漏的薄弱部位,先均匀涂刷一层氯丁胶黏剂,厚度 1mm 左右,随即黏贴一层聚酯纤维无纺布,再在其上涂刷 1mm 厚氯丁胶黏剂,形成一层增强层。

③涂刷基层处理剂(采用自黏法和冷黏结法时)。在干燥的基层上涂刷氯丁胶黏剂稀释液,其作用相当于传统的沥青冷底子油。涂刷时要均匀一致,无露底,操作要迅速,一次涂好,

切勿反复涂刷，亦可用喷涂方法。

④定位、弹线、试铺。基层处理剂干燥（4～12h）后，按现场情况定位，弹出卷材铺贴位置并进行试铺。

⑤铺贴卷材。根据卷材性能可选用热熔贴、自粘贴或冷粘贴等方法。

热熔贴：用丙烷气（汽油）喷灯烘烤卷材底面，使涂盖层熔化（温度控制在100～180℃之间）后，立即滚动卷材与基层粘贴，并滚压，排除卷材下面的空气，使之平展，不得有皱褶，并应滚压黏结牢固。搭接缝处要精心操作，喷烤后趁卷材尚未冷却，随即用抹子将边封好，最后再用喷灯在接缝处均匀、细致地喷烤压实。采用条黏法时，每幅卷材的每边粘贴宽度不应小于150mm。

自粘贴：待基层处理剂干燥后，将卷材背面的隔离纸剥开撕掉，直接粘贴于基层表面，排除卷材下面的空气，并滚压黏结牢固。搭接处用热风枪加热，加热后随即粘贴牢固，溢出的自黏膏随即刮平封口。接缝口亦用密封材料封严，宽度不应小于10mm。

冷粘贴：按铺贴程序在基层上涂刷（刮）一层氯丁胶黏剂，边刷边将卷材对准位置摆好，将卷材缓慢打开铺贴在基层上，用滚筒均匀用力滚压，排出空气，使卷材与基层紧密粘贴。卷材搭接处用嵌缝膏或胶黏剂满涂封口，滚压黏结牢固，将溢出的嵌缝膏或胶黏剂随即刮平封口。接缝口应用密封材料封严，宽度不应小于10mm。粘贴形式有全粘贴、半粘贴（卷材边全黏，中间点黏）及浮动式粘贴（卷材黏成整体，使之与基层周边粘贴，中间空铺）。

在卷材铺贴过程中，卷材的铺贴可分为滚铺法和展铺法。

滚铺法是一种不展开卷材而边加热烘烤边滚动卷材铺贴的方法。起始端卷材的铺贴方法是，将卷材置于起始位置，对好长、短方向搭接缝，滚展卷材1 000mm左右，掀开已展开的部分，开启喷枪点火，喷枪头与卷材保持50～100mm距离，与基层呈300°～450°角，将火焰对准卷材与基层交接处，同时加热卷材底面热熔胶面和基层，至热熔胶层出现黑色光泽、发亮至稍有微泡出现，慢慢放下卷材平铺基层，然后进行排气滚压，使卷材与基层黏结牢固。当铺贴至剩下300mm左右长度时，将其翻放在隔热板上，用火焰加热余下起始端基层后，再加热卷材起始端余下部分，然后将其粘贴于基层。卷材起始端铺贴完成后，即可进行大面积滚铺。操作时，持枪人位于卷材滚铺的前方，按上述方法同时加热卷材和基层，条黏时只需加热两侧边，加热宽度各为150mm左右。推滚卷材人蹲在已铺好的卷材起始端上面，等卷材充分加热后缓缓推压卷材，并随时注意卷材的平整顺直和搭接缝宽度。其后紧跟一人用滚筒从中间向两边抹压卷材，赶出气泡，并用刮刀将溢出的热熔胶刮压接缝边。另一人用滚筒压实卷材，使之与基层粘贴密实。

展铺法是先将卷材平铺于基层，再沿边掀起卷材予以加热粘贴。此方法主要适用于条黏法铺贴卷材，其施工方法如下。

先将卷材展铺在基层上，对好搭接缝，按滚铺法的要求先铺贴好起始端卷材。

拉平整幅卷材，使其无皱褶、无波纹，能平坦地与基层相贴，并对准长边搭接缝，然后对末端做临时固定，防止卷材回缩。

由起始端开始熔贴卷材，掀起卷材边缘约200mm高，将喷枪头伸入侧边卷材底下，加热卷材边宽约200mm的底面热熔胶和基层，边加热边后退。用滚筒由卷材中间向两边滚压赶出气泡，并滚压平整。再由操作人员持滚筒压实两侧边卷材，并用刮刀将溢出的热熔胶刮压平整。

铺贴到距末端1 000mm左右长度时，撤去临时固定，按前述滚铺法铺贴末端卷材。

搭接缝施工:热熔卷材表面一般有一层防黏隔离纸,因此在热熔黏结接缝之前,应先将下层卷材表面的隔离纸烧掉,以利搭接牢固、严密。操作时,由持枪人手持烫板(隔火板)柄,将烫板沿搭接缝线后退,喷枪火焰随烫板移动,喷枪应离开卷材 50 ~ 100mm,贴靠烫板。移动速度要控制合适,以刚好熔去隔离纸为宜。烫板和喷枪要密切配合,以免烧损卷材。排气和滚压方法与前述相同。当整个防水层熔贴完毕后,所有搭接缝均应用密封材料涂封严密。

卷材铺贴方向应根据屋面坡度和屋面是否有振动等来确定,见表 3-11。

卷材铺贴方向 表 3-11

屋面坡度及工作条件	铺贴方向	屋面坡度及工作条件	铺贴方向
坡度小于 3% 时	平行于屋脊	屋面受振动时	平行或垂直屋脊
坡度为 3% ~15% 时	平行或垂直屋脊	叠层铺贴时	上、下层卷材不得互相垂直
坡度大于 15% 时	平行或垂直屋脊	铺贴天沟、檐沟卷材时	宜顺天沟、檐沟方向,减少搭接
坡度大于 25% 时	应采取防止卷材下滑的固定措施		

卷材防水层搭接缝的搭接宽度应符合表 3-12 的要求。

卷材搭接宽度 表 3-12

卷材种类 \ 搭接方向	短边搭接宽度(mm)		长边搭接宽度(mm)	
	满黏法	空铺、点黏、条黏法	满黏法	空铺、点黏、条黏法
高聚物改性沥青防水卷材	80	100	80	100

高聚物改性沥青防水卷材的搭接缝,宜用材性相容的密封材料封严。卷材收头处理、保护层施工要求与“沥青防水卷材叠层热施工和叠层冷施工”要求相同。

(3)合成高分子防水卷材施工要点及注意事项。

①基层表面检验、清理。应用水泥砂浆找平,并按设计要求找好坡度,做到平整、坚实、清洁,无凹凸形、尖锐颗粒。用 2m 直尺检查,最大空隙不应超过 5mm,表面处理成细麻面。

②涂刷基层处理剂。在基层上用喷枪(或长柄棕刷)喷涂(或刷涂)基层处理剂,要求厚薄均匀,不允许漏涂,喷(刷)后干燥 4 ~ 12h,视温度、湿度而定。

③节点附加增强处理。对阴阳角、水落口、管子根部等形状复杂的局部,按设计要求预先进行增强处理。具体要求同“沥青防水卷材叠层热施工和叠层冷施工”。

④定位、弹线、试铺。基层处理剂干燥(4 ~ 12h)后,按现场情况定位,弹出卷材铺贴位置并进行试铺。

⑤涂刷胶黏剂(采用冷黏结和焊接法施工时)。先在基层上弹线,排出铺贴顺序,然后在基层上及卷材的底面,均匀涂布基层胶黏剂,要求厚薄均匀,不允许有露底和凝胶堆积现象,但卷材接头部位 100mm 不能涂布胶黏剂。如做排气屋面,亦可采取空铺法、条黏法、点黏法涂刷胶黏剂。

⑥铺贴卷材时,根据卷材性能可选用热风焊接、自粘贴或冷粘贴等方法。

用热风焊接法施工时,先将卷材结合面清洗干净后,在基层上涂刷(刮)一层氯丁胶黏剂,边刷边将卷材对准位置摆好,将卷材缓慢打开,铺贴在基层上,用滚筒均匀用力滚压,排出空气,使卷材与基层紧密粘贴。搭接缝处要精心操作,用焊机热风加热卷材后进行焊接封口,最后再用热风焊接机在接缝处均匀细致地焊接压实。采用条黏法时,每幅卷材的每边粘贴宽度不应小于 150mm。

用自粘贴施工时，待基层处理剂干燥后，将卷材背面的隔离纸剥开、撕掉，直接粘贴于基层表面，排除卷材下面的空气，并滚压黏结牢固。搭接处用热风枪加热，加热后随即黏贴牢固，溢出的自黏膏随即刮平封口。接缝口亦用密封材料封严，宽度不应小于10mm。

用冷粘贴施工时，按铺贴程序在基层上涂刷（刮）一层氯丁胶黏剂，边刷边将卷材对准位置摆好，将卷材缓慢打开铺贴在基层上，用滚筒均匀用力滚压，排出空气，使卷材与基层紧密粘贴。卷材搭接处用嵌缝膏或胶黏剂满涂封口，滚压黏结牢固；将溢出的嵌缝膏或胶黏剂，随即刮平封口。接缝口应用密封材料封严，宽度不应小于10mm。粘贴形式有全粘贴、半粘贴（卷材边全黏，中间点黏）及浮动式粘贴（卷材黏成整体，使之与基层周边粘贴，中间空铺）。在卷材铺贴过程中，卷材的铺贴可分为滚铺法和展铺法。其方法同"沥青防水卷材叠层热施工和叠层冷施工"。

卷材搭接缝施工时，卷材接头的粘贴（自黏法和冷黏结法）在卷材铺好压平后，将搭接部位的结合面清除干净，并采用与卷材配套的接缝胶黏剂在搭接缝黏合面上涂刷，做到均匀、不露底、不堆积，并从一端开始，用手一边压合，一边排除空气，最后再用滚筒顺序滚压一遍，使其黏结牢固。卷材接头的焊接（热风焊接法），在卷材铺好压平后，将搭接部位的结合面清除干净，并用焊机热风加热卷材后进行焊接封口，最后再用热风焊接机在接缝处均匀细致地加热焊接，并从一端开始，用手一边压合，一边排除空气，最后再用滚筒顺序滚压一遍，使黏结牢固。焊接时，应先焊长边搭接缝，后焊短边搭接缝。

合成高分子防水卷材的铺贴方向应根据屋面坡度和屋面是否有振动等来确定，见表3-11。

铺贴合成高分子防水卷材顺序、卷材与基层的粘贴方法等具体要求与"沥青防水卷材叠层热施工和叠层冷施工"相同。

合成高分子防水卷材防水层搭接缝的搭接宽度应符合表3-13的要求。

卷材搭接宽度 表3-13

卷材种类 \ 搭接方向		短边搭接宽度（mm）		长边搭接宽度（mm）	
		满黏法	空铺、点黏、条黏法	满黏法	空铺、点黏、条黏法
合成高分子防水卷材	胶黏剂	80	100	80	100
	胶黏带	50	60	50	60
	单焊缝	60，有效焊接宽度不小于25			
	双焊缝	80，有效焊接宽度 10×2 + 空腔宽			

合成高分子防水卷材的搭接缝，宜用材性相容的密封材料封严，卷材收头处理、保护层施工要求与"沥青防水卷材叠层热施工和叠层冷施工"要求相同。

⑦卷材收头处理。卷材末端收头处或重叠三层处，需用嵌缝膏密封，在嵌缝膏尚未固化时，再用107胶水泥砂浆压缝封闭。立面卷材收头的端部应裁齐，并用压条或垫片钉压固定，最大钉距不应大于900mm，上口应用密封材料封固。其做法同"沥青防水卷材叠层热施工和叠层冷施工"。

⑧保护层施工。同"沥青防水卷材叠层热施工和叠层冷施工"。

三、质量标准

卷材防水层质量检验见表3-14。

卷材防水层质量检验 表 3-14

检验项目		要求	检验方法
主控项目	卷材防水层所用卷材及其配套材料	必须符合设计要求	检查出厂合格证、质量检验报告和现场抽样复验报告
	卷材防水层	不得有渗漏或积水现象	雨后或淋水、蓄水试验
	卷材防水层在天沟、檐沟、泛水、变形缝和伸出屋面管道的防水构造	必须符合设计要求	观察检查和检查隐蔽工程验收记录
一般项目	卷材防水层的搭接缝	应黏(焊)结牢固、密封严密,并不得有皱褶、翘边和鼓泡等缺陷	观察检查
	防水层的收头	应与基层黏结并固定牢固,缝口封严,不得翘边	观察检查
	卷材防水层上的撒布材料和浅色涂料保护层	应铺撒或涂刷均匀,黏结牢固	观察检查
	卷材防水层的水泥砂浆或细石混凝土保护层与卷材防水层间	应设置隔离层	观察检查
	刚性保护层的分格缝留置	应符合设计要求	观察检查
	卷材的铺贴方向,卷材的搭接宽度允许偏差	铺贴方向应正确;搭接宽度的允许偏差为 -10mm	观察和尺量检查
	排气屋面的排气道、排气孔	应纵横贯通,不得堵塞;排气管应安装牢固,位置正确,封闭严密	观察检查

四、成品保护

(1)卷材铺设完后应及时做好保护层;操作人员在其上行走,不得穿有钉的鞋;手推胶轮车在屋面运输材料,支腿应用麻袋包扎,或在屋面上铺板, 防止将卷材划破。

(2)防水层施工时,注意不使沥青流淌污染墙面、檐口和门窗等已完工项目。

(3)水落口、斜沟、天沟等应及时清理,不得有杂物、垃圾堵塞。

(4)伸出屋面的管道、地漏、变形缝、盖板等,不得碰坏或不得使其变形、变位。

(5)卷材屋面竣工后,禁止在其上凿眼、打洞或作安装、焊接等操作,以防破坏卷材造成漏水。

五、安全环保措施

1. 安全措施

卷材屋面施工是在高空环境下进行,大部分材料易燃并含有一定毒性,必须采取必要的措施,防止发生火灾、中毒、烫伤、坠落等工伤事故。

(1)施工前应进行技术交底工作,施工操作应符合安全技术规定。

(2)皮肤病、支气管炎病、结核病、眼病以及对沥青、橡胶刺激过敏的人员,不得参加操作。

(3)按有关规定配给劳动用品,并合理使用。沥青操作人员不得赤脚、穿短袖衣服进行作业,应将裤脚、袖口扎紧,手不得直接接触沥青,接触有毒材料需戴口罩和加强通风。

(4)操作时应注意风向,防止下风操作人员中毒、受伤,熬制玛蹄脂和配置冷底子油时,应注意控制沥青锅的容量和加热温度,防止烫伤。

(5)防水卷材和黏结剂多数属易燃品,在存放的仓库以及施工现场内都要严禁烟火,如需明火,必须有防火措施。

(6)运输线路应畅通,各项运输设施应牢固可靠,屋面孔洞及檐口应有安全措施。

(7)高空作业操作人员不得过分集中,必要时应系安全带。

(8)屋面施工时,不允许穿带钉子鞋的人员进入。

2. 环保措施

(1)防水卷材施工用零片废料、燃油废料应集中堆放清运,不得随意丢弃,避免环境被污染。

(2)防水卷材层用油膏、马蹄脂熬制施工时,应注意风向,避免熬制产生的有毒气体污染风向下部空气,造成人员中毒。

(3)施工中未用完的材料应及时妥善处理,使用完的空桶和工具不能乱扔,更不能焚烧卷材、油料等易燃有毒材料,避免产生污染。

六、质量记录

(1)施工图纸及设计变更文件。

(2)原材料出厂合格证、质量检验报告和进场复验报告。

(3)施工方案及技术交底记录。

(4)施工检验记录。

(5)施工记录、隐蔽记录。

(6)分项工程检验批验收记录。

(7)其他必要的文件和记录。

子情境3　屋面防水涂膜施工

屋面防水涂膜施工适用于防水等级为Ⅰ~Ⅳ级的屋面防水。

本子情境主要专业名词概念如下。

沥青基防水涂料:以沥青为基料配制成的水乳型或溶剂型防水涂料。

高聚物改性沥青防水涂料:以沥青为基料,用合成高分子聚合物进行改性,配制成的水乳型或溶剂型防水涂料。

合成高分子防水涂料:以合成橡胶或合成树脂为主要成膜物质,配制成的单组分或多组分的防水涂料。

胎体增强材料:是指在涂膜防水层中增强用的化纤无纺布、玻璃纤维网布等材料。

一、施工准备

1. 技术准备

(1)熟悉和会审图纸,掌握和了解设计意图,收集有关该品种涂膜防水的相关技术资料。

(2)编制相应的施工方案或技术措施。

(3)向操作人员进行书面的技术交底或培训。

(4)熟悉质量标准,确定质量目标和检验要求。

(5)掌握天气情况资料。

2. 主要施工机具设备

(1)机械设备:鼓风机、高压吹风机、电动搅拌器、沥青泵、喷枪、物料提升机或塔吊等。

(2)主要工具:棕扫帚、钢丝帚、衡器、搅拌器、容器、棕毛刷、圆滚刷、刮板、喷涂机械、剪刀、卷尺等。

3. 材料准备

(1)材料准备。

①所有防水涂膜应有产品合格证书和性能检测报告,应符合现行国家产品标准和设计要求。

②进场的防水涂膜经现场抽样复验,并提出复验报告,技术性能符合要求。

③防水涂膜的进场数量,能满足屋面防水工程的使用。

④防水涂膜使用的各种配套材料已准备齐全,质量符合规定,数量满足要求。

⑤准备涂膜防水层使用的胶料。

(2)材料要求。

①沥青基防水涂料。

沥青基防水涂料是以沥青为基料配制而成的水乳型或溶剂型防水涂料。常见的有石灰乳化沥青涂料、膨润土乳化沥青涂料和石棉乳化沥青涂料。沥青基防水涂料的质量应符合表3-15的要求。

沥青基防水涂料质量要求 表3-15

项　目		质量要求
固体含量(%)		≥50
耐热度(80℃,5h)		无流淌、起泡和滑动
柔性(10℃ ±1℃)		4mm 厚,绕 ϕ20mm 圆棒,无裂纹、断裂
不透水性	压力(MPa)	≥0.1
	保持时间(min)	≥30 不透水
延伸(20℃ ±2℃)(mm)		≥4.0

②高聚物改性沥青防水涂料。

高聚物改性沥青防水涂料是以沥青为基料,用合成高分子聚合物进行改性配制而成的水乳型、溶剂型或热熔型防水涂料。常用的品种有氯丁橡胶改性沥青涂料、丁基橡胶改性沥青涂料、丁苯橡胶改性沥青涂料、SBS 改性沥青涂料和 APP 改性沥青涂料等。

高聚物改性沥青防水涂料的质量应符合表3-16 和表3-17 的要求。

水乳型或溶剂型高聚物改性沥青防水涂料质量要求 表3-16

项　目		质量要求
固体含量(%)		≥43
耐热度(80℃,5h)		无流淌、起泡和滑动
柔性(-10℃)		3mm 厚,绕 ϕ20mm 圆棒,无裂纹、断裂
不透水性	压力(MPa)	≥0.1
	保持时间(min)	≥30 不透水
延伸(20℃ ±2℃)(mm)		≥4.5

热熔型高聚物改性沥青防水涂料质量要求 表3-17

项　目		质量要求
耐热度(65℃,5h)		无流淌、起泡和滑动
柔性(-20℃)		2mm 厚,绕 ϕ10mm 圆棒,无裂纹、断裂
不透水性	压力(MPa)	≥0.2
	保持时间(min)	≥30 不透水
延伸率(20℃ ±2℃)(%)		≥300

③合成高分子防水涂料。

合成高分子防水涂料是以合成橡胶或合成树脂为主要成膜物质配制而成的水乳型或溶剂型防水涂料。根据成膜机理分为反应固化型、挥发固化型和聚合物水泥防水涂料三类。常用的品种有丙烯酸防水涂料、聚氨酯防水涂料、硅橡胶防水涂料、聚合物水泥防水涂料等。合成高分子防水涂料的质量应符合表3-18的要求。

合成高分子防水涂料质量要求 表3-18

项　　目		质 量 要 求		
		反应固化型	挥发固化型	聚合物水泥涂料
固体含量(%)		≥94	≥65	≥65
拉伸强度(MPa)		≥1.65	≥1.5	≥1.2
断裂延伸率(%)		≥350	≥300	≥200
柔性(℃)		-30,弯折无裂纹	-20,弯折无裂纹	-10,绕ϕ10mm圆棒,无裂纹
不透水性	压力(MPa)	≥0.3		
	保持时间(min)	≥30		

由于合成高分子材料本身具有优异性能,以此为原料制成的合成高分子防水涂料有较高的强度和延伸率,优良的柔韧性、耐高低温性能、耐久性和防水能力。

④胎体增强材料。

胎体增强材料是指在涂膜防水层中增强用的聚酯无纺布、化纤无纺布、玻纤网格布等材料。其质量要求应符合表3-19的要求。

胎体增强材料质量要求 表3-19

项　　目		质 量 要 求		
		聚酯无纺布	化纤无纺布	玻纤网格布
外观		均匀无团状、平整无褶皱		
拉力(宽50mm)(N)	纵向	≥150	≥45	≥90
	横向	≥100	≥35	≥50
延伸率(%)	纵向	≥10	≥20	≥3
	横向	≥20	≥25	≥3

(3)防水涂膜现场抽样复验。

进场的防水涂膜和胎体增强材料应进行抽样复验,不合格的产品不得使用。

同一规格、品种的防水涂料,每10t为一批,不足10t按一批抽样;胎体增强材料,每3 000m^{2}为一批,不足3 000m^{2}按一批抽样。

4.作业条件

(1)铺贴防水层的基层(保温层、找平层)已施工完毕,并办理交接验收手续。

(2)所有伸出屋面的管道、地漏或水落口等必须安装牢固,接缝严密,收头圆滑,不得出现松动、变形、移位等现象。

(3)材料已运到现场,经检查,质量符合要求,数量满足需要。

(4)垂直和水平运输设施能满足使用要求,安全可靠。

(5)消防设施齐全,安全设施可靠,劳保用品已能满足施工操作人员的需要。

(6)气候条件能满足涂膜施工的需要。

二、施工操作工艺

1.工艺流程图

涂膜防水层施工的一般工艺流程如图3-7所示。

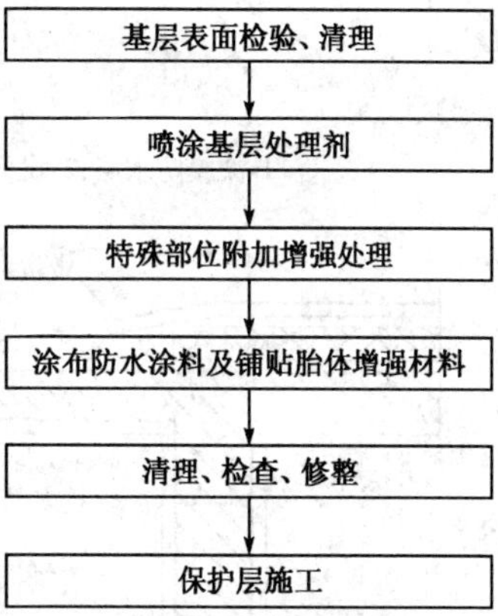

基层表面检验、清理

↓

喷涂基层处理剂

↓

特殊部位附加增强处理

↓

涂布防水涂料及铺贴胎体增强材料

↓

清理、检查、修整

↓

保护层施工

图3-7 涂膜防水层施工工艺流程图

2.施工操作要点

(1)涂料冷涂刷施工。

①基层表面检验、清扫。

涂膜防水层施工前,应检查基层的质量是否符合设计要求,并清扫干净。如出现缺陷应及时加以修补。基层的干燥程度根据涂料的特性决定,对溶剂型涂料,基层必须干燥,此时才可进行防水涂料的施工。部分水乳型涂料允许在潮湿基层上施工,但基层必须无明水,基层的具体干燥程度要求,可根据材料生产厂家的要求而定。

②喷涂基层处理剂。

基层处理剂的种类有以下几种类型。

水乳型防水涂料可用掺0.2%~0.5%乳化剂的水溶液或软化水将涂料稀释,其用量比例一般为:防水涂料:乳化剂水溶液(或软水)=1:(0.5~1)。如无软水,可用冷开水代替,切忌加入一般天然水或自来水。

若为溶剂型防水涂料,由于其渗透能力比水乳型防水涂料强,可直接用涂料薄涂做基层处理;如涂料较稠,可用相应的溶剂稀释后使用。

高聚物改性沥青或沥青基防水涂料也可用沥青溶液(冷底子油)作为基层处理剂,或在现场以煤油:30号沥青=3:2的比例配制而成的溶液作为基层处理剂。

基层处理剂涂刷时应用刷子用力薄涂,使涂料尽量刷进基层表面的毛细孔中,并将基层可能留下来的少量灰尘等无机杂质,象填充料一样混入基层处理剂中,使之与基层牢固结合。这样即使屋面上灰尘不能完全清扫干净,也不会影响涂层与基层的牢固黏结。特别在较为干燥的屋面上进行溶剂型防水涂料施工时,使用基层处理剂打底后再进行防水涂料涂刷,效果相当明显。

③特别部位附加增强处理。

天沟、檐沟、檐口、泛水、变形缝等部位均加铺有胎体增强材料的附加层,细部构造要求参照贵州省《屋面工程施工工艺标准》(QB 308—07)"8.7屋面细部构造施工工艺标准"的"2 涂膜防水屋面细部构造",具体内容如下。

(QB 308—07)8.7 屋面细部构造施工工艺标准

2 涂膜防水屋面细部构造

2.0.1 天沟、檐沟与屋面交接处的附加层宜空铺,空铺的宽度宜为200~300mm(图2.0.1)。屋面设有保温层时,天沟、檐沟处宜铺设保温层。

2.0.2 檐口处涂膜防水层的收头,应用防水涂料多遍涂刷或用密封材料封严(图2.0.2)。

2.0.3 泛水处的涂膜防水层宜直接涂刷至女儿墙的压顶下,收头处理应用防水涂料多遍涂刷封严。压顶应做防水处理(图2.0.3)。

2.0.4 变形缝内应填充泡沫塑料或沥青麻丝,其上放衬垫材料,并用卷材封盖,顶部应加扣混凝土盖板或金属盖板(图2.0.4)。

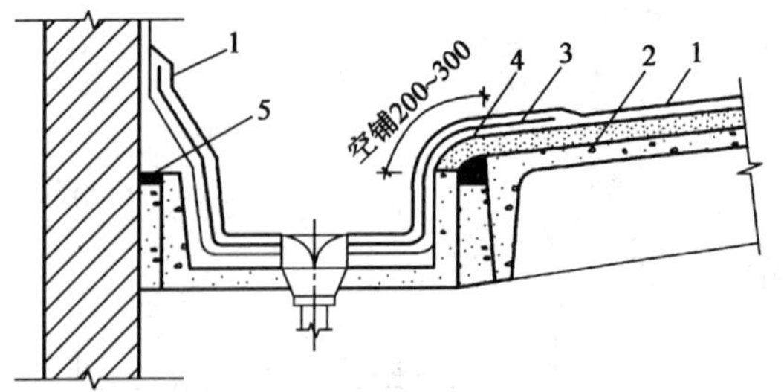

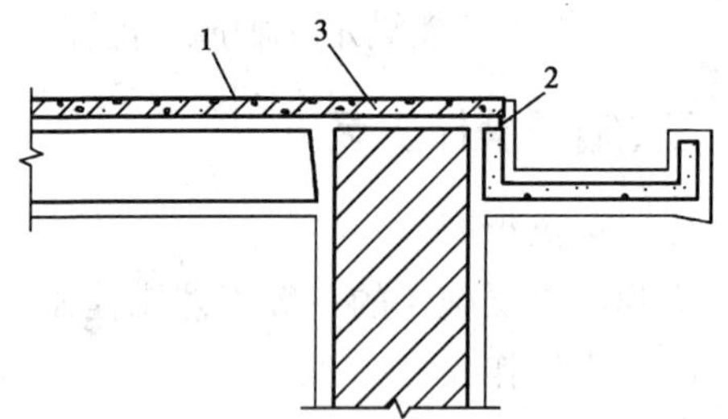

图 2.0.1　天沟、檐沟构造（尺寸单位:mm）

1-涂膜防水层;2-找平层;3-有胎体增强材料的附加层;4-空铺附加层;5-密封材料

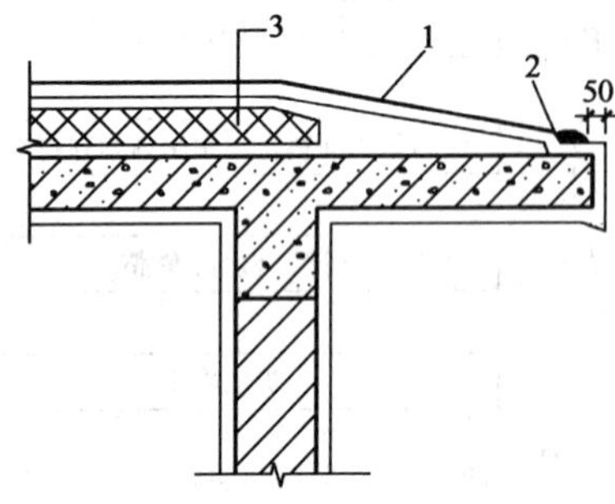

图 2.0.2　檐口构造（尺寸单位:mm）

1-涂膜防水层;2-密封材料;3-保温层

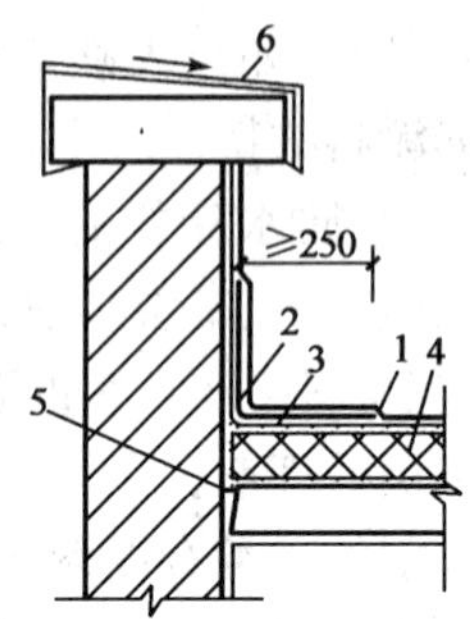

图 2.0.3　泛水构造（尺寸单位:mm）

1-涂膜防水层;2-有胎体增强材料的附加层;3-找平层;4-保温层;5-密封材料;6-防水处理

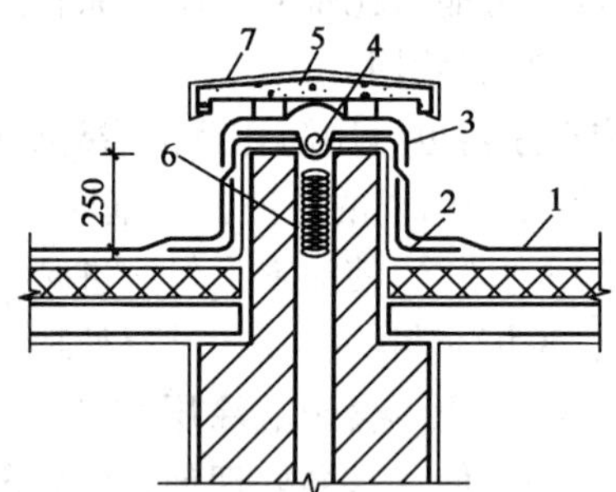

图 2.0.4　变形缝构造（尺寸单位:mm）

1-涂膜防水层;2-有胎体增强材料的附加层;3-卷材封盖;4-衬垫材料;5-混凝土盖板;6-沥青麻丝;7-水泥砂浆

水落口是屋面雨水集中的部位,其周围与屋面交接处,应做密封处理,并加铺两层有胎体增强材料的附加层。要求涂膜应伸入水落口内50mm,以防翘边开缝,造成渗漏。

水泥砂浆和细石混凝土找平层上的分格缝,是为基层裂缝预留的位置,处理不好就会造成渗漏。该部位应留置在板的支承端,分格缝内应嵌填密封材料,做到在分格缝处不漏水。

泛水转角:在屋面与立墙的交接部位,以及基层转角处,均应抹成圆弧,其半径小于50mm,以保证涂层厚薄均匀。

④配料和搅拌。

采用双组分涂料时,每个组分涂料在配料前必须先搅拌均匀。配料应根据生产厂家提供的配合比现场配制,严禁任意改变配合比。配料时要求计量准确。

涂料混合时,应先将主剂放入搅拌容器或电动搅拌器内,然后放入固化剂,并立即开始搅拌。搅拌桶应选用圆的铁桶或塑料桶,以便搅拌均匀。采用人工搅拌时,应注意将材料上下、前后、左右及各个角落都充分搅匀，搅拌时间一般为 3 ~ 5min。

搅拌的混合料以颜色均匀一致为标准。如涂料稠度太大、涂布困难时，可根据厂家提供的品种和数量掺加稀释剂，切忌任意使用稀释剂稀释，否则会影响涂料性能。

双组分涂料每次配制数量应根据每次涂刷面积计算确定，混合后的涂料存放时间不得超过规定的可使用时间。无规定时以能涂刷为准。不得一次搅拌过多，以免因涂料发生凝聚或固化而无法使用。夏天施工时尤需注意。

单组分涂料一般用铁桶或塑料桶密闭包装，打开桶盖后即可施工。但由于桶装量大，且防水涂料中均含有填充料，容易沉淀而产生不均匀现象，故使用前还应进行搅拌。

搅拌单组分涂料一种较简便的方法是，在使用前将铁桶或塑料桶反复滚动，使桶内涂料混合均匀，达到浓度一致。最理想的方法是将桶装涂料倒入开口的大容器中，用机械搅拌均匀后使用。没有用完的涂料，应加盖封严，桶内如有少量结膜现象，应清除或过滤后使用。

⑤涂布防水涂料。

厚质涂料宜采用铁抹子或胶皮板刮涂施工；薄质涂料可采用棕刷、长柄刷、圆滚刷等进行人工涂布，也可采用机械喷涂。

刮涂施工时，一般先将涂料直接分散倒在屋面基层上，用刮板来回刮涂，使其厚薄均匀，不露底、无气泡、表面平整，然后待其干燥。流平性差的涂料待表面收水尚未结膜时，用铁抹子压实抹光。抹压时间应适当，过早抹压，起不到作用；过晚抹压，会使涂料黏住抹子，出现月牙形抹痕。

用刷子涂刷，一般采用蘸刷法，也可边倒涂料边用刷子刷匀。涂布时应先涂立面，后涂平面，涂布立面最好采用蘸涂法，涂刷应均匀一致。倒料时应均匀倒洒，不可在一处倒得过多，否则涂料难以刷开，会造成厚薄不匀现象。涂刷时不能将气泡裹进涂层中，如遇起泡应立即消除。涂刷应按事先试验确定的遍数进行，切不可为了省事、省力而一遍涂刷过厚。同时，前一遍涂层干燥后应将涂层上的灰尘、杂质清理干净后再进行后一遍涂层的涂刷，后遍涂料涂布前应严格检查前遍涂层是否有缺陷，如气泡、露底、漏刷、坠胎体增强材料皱褶、翘边、杂物混入等现象，如发现上述问题，应先进行修补再涂布后遍涂层。

涂料涂布应分条或按顺序进行，分条进行时，每条宽度应与胎体增强材料宽度相一致，以避免操作人员踩踏刚涂好的涂层。为便于抹压，加快施工进度，可以采用分条间隔施工的方法，待阴影处涂层干燥后，再抹空白处。

立面部位涂层应在平面涂布前进行，涂布次数应根据涂料的流平性好坏确定，流平性好的涂料应薄而多次进行，以不产生流坠现象为度，以免涂层因流坠使上部涂层变薄，下部涂层变厚，影响防水性能。

涂料涂布时，涂刷致密是保证质量的关键。涂刷基层处理剂时要用力薄涂，涂刷后续涂料则应按规定的涂层厚度(控制涂料的单方用量)均匀、仔细地涂刷。各道涂层之间的涂刷方向应相互垂直，以提高防水层的整体性和均匀性。涂层间的接槎，在每遍涂刷时应退槎 50 ~ 100mm，接槎时应超过 50 ~ 100mm，避免在搭接处发生渗漏。

⑥铺设胎体增强材料。

在涂刷第 2 遍涂料时，或第 3 遍涂料涂刷前，即可加铺胎体增强材料。胎体增强材料可采用湿铺法或干铺法铺贴。

湿铺法就是在第 2 遍涂料涂刷肘，边倒料、边涂布、边铺贴的操作方法。施工时，先在已干燥的涂层上，用刷子或刮板将涂料仔细涂布均匀，然后将成卷的胎体增强材料平放在屋面上，逐渐推滚铺贴在刚刷上涂料的屋面上，用滚刷滚压1遍，务必使全部布眼浸满涂料，使上、下两层涂料能良好结合，确保其防水效果。为防止胎体增强材料出现皱褶，可在布幅两边每隔1.5～2m各剪15mm的小口，以利铺贴平整。铺贴好的胎体增强材料不得有皱褶、翘边、空鼓、露白等现象。如发现露白，说明涂料用量不足，应再在上面蘸料涂刷，使之均匀一致。

由于胎体增强材料质地柔软、容易变形，铺贴时不易展开，经常出现皱褶、翘边或空鼓现象，影响防水层质量。为了避免这种现象，在无大风的情况下，可采用干铺法铺贴。

干铺法就是在上道涂层干燥后，边干铺胎体增强材料，边在已展平的表面上用刮板均匀满刮一道涂料。也可将胎体增强材料按要求在已干燥的涂层上展平后，用涂料将边缘部位点黏固定，然后再在上面满刮涂料，使涂料浸入网眼渗透到已固化的涂膜上。如采用干铺法铺贴的胎体增强材料配套使用时，不宜采用干铺法施工。

胎体增强材料可以是单一品种的，也可以采用玻璃纤维布和聚酯纤维布混合使用。混合使用时，一般下层采用聚酯纤维布，上层采用玻璃纤维布。铺布时切忌拉伸过紧，因为胎体增强材料和防水涂膜干燥后都会有较大的收缩，否则涂膜防水层会出现转角处受拉脱开、布面错动、翘边或拉裂等现象。铺布也不能太松，过松会使布面出现皱褶，网眼中的涂膜极易破碎而失去防水能力。

胎体增强材料铺设后，应严格检查表面是否有缺陷或搭接不足等现象，如发现上述情况，应及时修补完整，使其形成一个完整的防水层，然后才能在其上继续涂布涂料。面层涂料应至少涂刷两道以上，以增加涂膜的耐久性。如面层做粒料保护层，可在涂刷最后一遍涂料时，随涂随撒覆盖粒料。

需铺设胎体增强材料时，屋面坡度小于15%时，可平行屋脊铺设；屋面坡度大于15%时，应垂直于屋脊铺设。

胎体长边搭接宽度不应小于50mm，短边搭接宽度不应小于70mm。

采用二层胎体增强材料时，上、下层不得相互垂直铺设，搭接缝应错开，其间距不应小于幅度的1/3。

⑦收头处理。

为了防止收头部位出现翘边现象，所有收头均应用密封材料压边，压边宽度不得小于10mm。收头处的胎体增强材料应裁剪整齐，如有凹槽时应压入凹槽内，不得出现翘边、皱褶、露白等现象，否则应进行处理后再涂封密封材料。

(2)涂料热熔刮涂施工。

涂料热熔刮涂适用于热熔型高聚物改性沥青防水涂料的施工。将涂料加入熔化器中，逐渐加热至190℃左右，保温待用。涂布时将熔化的涂料倒在基面上，迅速用带齿的刮板刮涂，注意操作一定要快速、准确，必须在涂料冷却前刮涂均匀，否则涂膜发黏，就无法将涂料刮开、刮匀。

控制好涂膜层的厚度是热熔刮涂施工的关键。施工时应采用带齿刮板刮涂，刮涂时刮板应略向刮涂前进方向倾斜，保持一定的倾斜角度，平稳地向前刮涂，并应在涂料冷却发黏前将涂料刮涂均匀。

当环境气温较低时，涂料冷却很快，尤其在摊铺到找平层上后，热量挥发快，一部分热量又被基层吸收，很容易造成涂膜尚未刮匀即已冷却发黏无法刮开的现象。施工时应合理地控制好上料量，尽量缩短上料和刮涂的间隔时间。如温度过低，可将基层用喷灯烤热后再上料刮涂。如涂膜未刮匀已开始发黏，应采用喷灯加热涂膜表面，待涂膜表面成黑亮色时再用刮板刮涂均匀。

增设胎体材料的涂膜防水层施工时,涂料每遍涂刮的厚度控制在1～1.5mm。铺贴胎体增强材料应采用分条间隔施工法,在涂料刮涂均匀后立即铺贴胎体增强材料,然后再刮涂第2遍至设计厚度。表面需做粒料保护层时,应在最后1遍涂刮的同时撒布粒料;如做涂膜保护层时,宜在防水层完全固化后再涂刷保护层涂膜。

热熔涂料与防水卷材复合使用可以大大提高防水层的可靠性,既可以通过卷材保证防水层的厚度,又可以由涂料形成连续的防水涂层,弥补卷材接缝易渗漏的问题。尤其是采用压敏型蠕变热熔涂料,可以消除结构层、找平层开裂产生的拉应力对防水层的影响,并可将因卷材破损引起的渗漏限制在局部范围内,不会导致防水层整体失效。热熔涂料与卷材复合施工前,应根据卷材宽度和卷材搭接宽度在基层上弹线,施工时,将加热至规定温度的热熔涂料按蛇形浇油法摊铺在基层上,并立即用带齿刮板刮涂均匀,随后一人按弹线滚铺卷材,一人用滚筒从中间向两边滚压,排出卷材下的空气,使卷材黏实。待热熔涂料冷却后,即可进行卷材接缝的处理。

(3)涂料冷喷涂施工。

涂料冷喷涂施工是将黏度较小的防水涂料放置于密闭的容器中,通过齿轮泵或空压泵,将涂料从容器中压出,通过输送管送至喷枪处,将涂料均匀喷涂于基面,形成一层均匀致密的防水膜。

喷涂法施工速度快、功效高,适合于各种屋面的施工。施工时操作工人要熟练掌握喷涂机械的操作,通过调整喷嘴的大小和涂料喷出的速度,使涂料均匀喷涂于基层上。由于喷涂施工速度快,应合理地安排好涂料的配料、搅拌和运输工作,使喷涂能连续进行。

采用冷喷涂施工法,每次收工后应及时清洗喷涂机械,防止余料凝固堵塞管道和枪头。清洗设备时宜采用与涂料相同的溶剂。

涂料喷涂结束时应根据涂料种类,采用合适的溶剂或水及时将喷嘴、输送管、容器等清理干净。

(4)涂料热喷涂施工。

热涂料喷涂施工法常用于高聚物改性沥青防水涂膜屋面。所采用的设备由加热搅拌容器、沥青泵、输油管、喷枪等组成。

将涂料加入加热容器中,加热至180～200℃,待全部熔化成流态后,操作工穿戴好劳动保护用具并做好喷涂操作准备。启动沥青泵,开始输送改性沥青涂料并喷涂。喷涂时注意枪头与基面夹角成45°,枪头与基面距离约60cm。开始喷涂时,喷出量不宜太大,应在操作的过程中逐步将喷涂量调整至正常的喷涂量。一遍涂层厚度宜控制在2.0mm以内,如果一次涂层太厚,则容易出现流动,使涂层厚薄不均匀。如果喷涂过程中出现堆积现象,应在冷却前用刮板将涂料刮开、刮匀。喷涂结束时应将沥青泵倒转,抽空枪体和输油管道内积存的涂料。

热涂料喷涂施工具有施工速度快、涂层没有溶剂挥发等优点。但应注意安全,防止烫伤。

三、质量标准

涂膜防水层质量检验见表3-20。

四、成品保护

(1)撒铺完成后应及时做好保护层。操作人员在其上行走,不得穿有钉的鞋;手推胶轮车在屋面运输材料,支腿应用麻袋包扎,或在屋面上铺板,防止将卷材被划破。

涂膜防水层质量检验 表 3-20

检验项目		要求	检验方法
主控项目	防水涂料和胎体增强材料	必须符合设计要求	检查出厂合格证、质量检验报告和现场抽样复验报告
	涂膜防水层	不得有渗漏或积水现象	雨后或淋水、蓄水试验
	涂膜防水层在天沟、檐沟、檐口、水落口、泛水、变形缝和伸出屋面管道等处细部做法	必须符合设计要求	观察检查和检查隐蔽工程验收记录
一般项目	涂膜防水层的平均厚度	平均厚度应符合设计要求，最小厚度不应小于设计厚度的80%	针测法或取样量测
	防水层表观质量	与基层应黏结牢固，表面平整，涂刷均匀，无流淌、皱褶、鼓泡、露胎体和翘边等缺陷	观察检查
	涂膜防水层上的撒布材料或浅色涂料保护层	应铺撒或涂刷均匀，黏结牢固	观察检查
	水泥砂浆、块材或细石混凝土保护层与卷材防水层间	应设置隔离层	观察检查
	刚性保护层的分格缝	应符合设计要求	观察检查

(2)防水涂层干燥固化后，应及时做保护层，减少不必要的返修。

(3)水落口、斜沟、天沟等应及时清理，不得有杂物、垃圾堵塞。

(4)穿过屋面的管道应加以保护，施工过程中不得碰坏；施工中地漏、水落口等处应采取措施使其保持畅通。

(5)涂膜屋面竣工后，禁止在其上凿眼、打洞或作安装、焊接等操作，以防破坏涂膜造成漏水。

(6)严禁在已施工好的防水层上堆放物品，特别是钢结构构件。

五、安全环保措施

1. 安全措施

(1)聚氨酯甲、乙料及固化剂、稀释剂等均为易燃品，储存时应放在干燥和远离火源的地方，施工现场严禁烟火。

(2)皮肤沾上了聚氨酯材料较难清洗，所以，施工操作人员应戴防护手套。

(3)熬制、铺设沥青的操作人员，应穿工作服，戴安全帽、口罩、手套、帆布脚盖等劳保用品；工作前，手、脸及外露皮肤应涂擦防护油膏等。

(4)熬制沥青应在下风方向，并远离火源和建筑物10m以上；沥青锅附近严禁堆放易燃、易爆品；临时堆放的沥青，离沥青锅不应小于5m；装入锅内沥青不应超过锅容量的2/3，锅灶附近应备有消防灭火器材。

(5)熬制沥青、调制冷底子油，应严格控制温度，防止着火。

(6)运输线路应畅通，各项运输设施应牢固可靠，屋面孔洞及檐口应有安全措施。

(7)高空作业操作人员不得过分集中，必要时应系安全带。

(8)五级以上大风和雨、雪天，避免在屋面上进行涂膜施工。

2. 环保措施

(1)涂膜防水层用涂料应妥善保管,防止防水涂料包装桶损坏导致液体外流造成环境污染。

(2)施工未用完材料应及时妥善处理,使用完的防水涂料包装空桶和施工工具不能乱扔,更不能焚烧油性涂膜废料,避免产生空气污染。

六、质量记录

(1)施工图纸及设计变更文件。

(2)原材料出厂合格证、质量检验报告和进场复验报告。

(3)施工方案及技术交底记录。

(4)施工检验记录。

(5)施工记录,隐蔽记录,淋水、蓄水试验记录。

(6)分项工程检验批验收记录。

(7)其他必要的文件和记录。

子情境4　屋面复合防水施工

任务　编写屋面防水工程施工方案的实例

一、学习目标

掌握防水工程施工方案编制的方法。

二、实例

某地一个电子厂装配车间的屋面工程防水施工方案(摘要)。

1. 工程概况

某地一个电子厂装配车间的屋面施工面积为3 600m^2,采用1.5m×6m预应力预制大型屋面板结构,设有100mm厚树脂珍珠岩板状材料保温层,防水层选用1.2mm厚氯化聚乙烯—橡胶共混防水卷材。

该建筑物属于重要的工业与民用建筑,其防水等级为Ⅱ级,屋面防水层的耐用年限为15年。

2. 施工方法和技术要求

(1)屋面构造层次如图3-8所示。

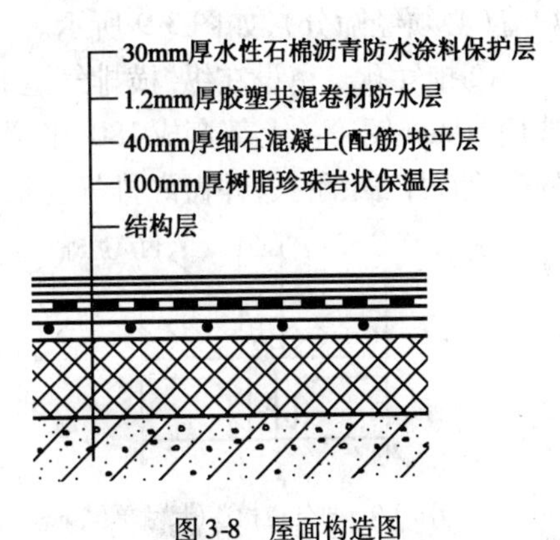

图3-8　屋面构造图

(2)施工操作程序。

施工工艺顺序为:基层检查与清扫→定位,弹基准线→涂刷基层处理剂→节点密封处理→卷材粘贴、辊压排气→搭接缝勃合密封→收头固定密封→清理、检查、修整→保护层施工。

(3)相关工序施工要求。

①结构层。

预制大型屋面板与屋面梁之间应焊接严密,焊点不少于3处;大型屋面板缝应用C20细石混凝土浇灌密实,其中粗集料粒径为5~10mm。充分浇水养护,时间不小于5d,确保结构基层有较好的整体刚度。

②保温层。

对进场保温材料应进行表观密度、导热系数的检测,质量不合格者不得使用。保温材料在保管与施工期间,应防止雨水浸入;施工时保温材料的含水率不应大于当地自然风干状态下的平稳含水率,且不得超过20%。板状保温材料应外观整齐,不允许有缺棱掉角现象,厚度允许偏差为50%,且不大于4mm。保温材料铺贴时,要求做到基层平整、清净、干燥。

③刚性找平层。

确定施工配合比:设计混凝土强度等级为C20,选用原材料及施工配合比,应由试验室经过试验后确定。试验时应注意,水泥用量不应小于330kg/m^{3}时,粗集料最大粒径不宜大于15mm,细集料为中砂。为了减少混凝土收缩裂缝,建议掺加UEA膨胀剂,其掺入量一般为10%~14%(内掺法,即替换水泥率),而自由膨胀率宜控制在0.05%~0.1%。

设置分格缝:刚性防水层应在屋面板的支承端(即6m间距)处设置横向分格缝,并与屋面板缝口对齐,同时在屋脊处亦留设纵向分格缝。分格缝宽度为30mm;分格缝深度为40mm,施工后应清除干净并兼作排气屋面的排气通道。

钢丝网配置:找平层中配置双向4mm低碳冷拔钢丝钢片。钢丝间距为200mm,并在分格缝处断开。钢丝网片位置应放在混凝土内的上部,离找平层表面为10mm,但钢丝网片的绑扎钢丝头应弯向下部,不得外露。

设置隔离层:在刚性找平层与保温层之间应铺贴200号沥青油纸一层(或农用薄膜布一层),既作为隔离材料,又避免混凝土施工时水泥浆注入保温层内。

混凝土施工工艺:必须采用机械搅拌、机械振捣,以提高混凝土密实度。混凝土施工时,每个分格块应一次浇筑完毕,不得留设施工缝。另外,应注意表面抹压与收光,封闭混凝土表面毛细孔,提高抗渗性能。

养护:混凝土浇筑后12~24h应进行浇水养护,养护时间不少于14d,养护初期,严禁上人踩踏。

(4)排气管、排气孔的安设。

①排气道构造做法和要求。在保温层及找平层上纵、横每隔6m设置排气道,排气道内应清除干净,保持空气流通,防止杂物堵塞。在保温层之间填入透气性好、粒径为20mm左右的炉渣(必须经筛分),如图3-9所示。

②排气孔。留设在纵、横排气道的交叉点上,并与排气道连通,每36m^{2}设置一个,排气孔选用50mm钢管。上部弯成180°半圆弯,中下部焊以带孔的方板,便于与找平层固定。排气孔的安设应牢靠、耐久,并做好排气孔根部的防水处理,如图3-10所示。

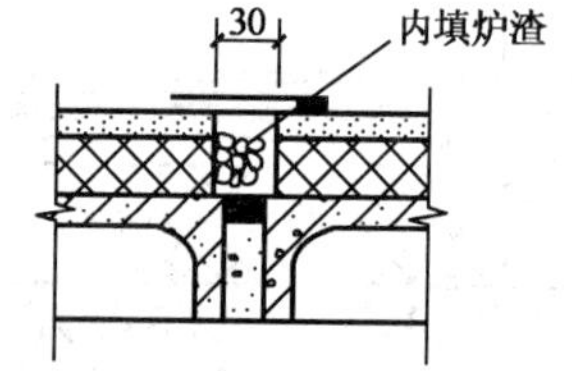

图3-9 排气道构造(尺寸单位:mm)

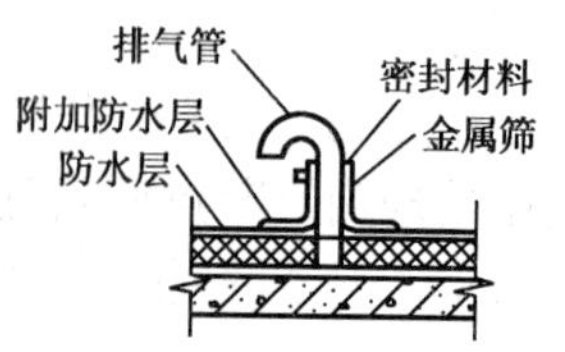

图3-10 排气出口构造

(5)防水材料的检测。

①材料物理性能应符合材料行业标准，必要时可以复查。

②卷材的外观应平直，可带有均匀布纹，不应有机械操作、断裂、黏结等。

③胶黏剂试验。合成高分子胶黏剂的黏结剥离强度不应小于15N/10mm，浸水168h后黏结剥离强度保持率不应小于70%。

(6)防水层施工技术要求。

防水层有关操作要点在施工方案中均应有详细说明，这里仅摘录其施工技术要求。

①基层要求。

平整度：用2m靠尺检查，基层表面平整度不应大于5m。如发现超出标准并有可能引起屋面局部积水时，应用掺有氯丁胶乳沥青涂料的水泥砂浆进行修补；若基层表面发现酥松、起砂、起皮现象时，应返工重做，不留隐患。

清扫干净：由于屋面面积较大，除了用普通扫帚清扫、压力水冲刷以外，对于尘土、浮渣等杂质，主要采用高压吹风机全面清扫。

干燥：由$1m^2$卷材平坦地干铺在基层表面上，静置3~4h后掀开检查，如果见水印时即认为基本干燥，可以铺贴卷材。

②卷材铺贴方向。屋面坡度约8%(1:12)，可选用平行屋脊方向铺贴卷材。此法可以加快施工进度，同时长边搭接缝处均可顺流水方向铺贴，对提高屋面抗渗能力有利。

③卷材铺贴要求。采用排气屋面构造，必须选用条黏法铺贴卷材，其长边或短边的搭接宽度均不小于100mm；采用冷黏法施工工艺，黏结材料为氯丁胶黏剂；在檐口、屋脊和屋面转角处及凸出屋面的连接处，卷材应采用满黏法铺贴工艺，其宽度不得小于800mm；其余部分采用条黏法，即每幅卷材与基层黏结面不少于两条，每条宽度不小于150mm；为防止排气道空腔处出现开裂，卷材附加条与基层应一边点黏固定，并在上部卷材覆盖时，在卷材附加条处不应黏结固定。

④防水渗漏措施。预制大型屋面板板缝上口20mm范围内所有细部构造接缝、凹槽及收头等部位，均用801型建筑防水沥青嵌缝油膏(冷用)密封；卷材所有搭接缝处，用同类型自黏性胶带封严，宽度为20mm；在大型屋面板灌缝完成，以及卷材防水层铺贴后，均应通过试水检验。可采用淋水法或下雨后进行检查，发现问题及时修补。

⑤施工时作业条件。最佳施工环境温度为10~30℃，夏季应在早晚进行。施工时应有防雨措施，并要落实防毒、防火、防暑、防止高空坠落以及物体打击等有关安全措施。

(7)保护层施工。

应在防水层铺设完毕、质量检验合格后进行。

参 考 文 献

[1] 沈春林. 建筑防水设计与施工手册[M]. 北京:中国电力出版社,2011.
[2] 余宾辉. 建筑防水施工手册[M]. 济南:山东科学技术出版社,2009.
[3] 田冬梅,曾维军. 防水工[M]. 重庆:重庆大学出版社,2010.
[4] 中华人民共和国国家标准 GB 50300—2001 建筑工程施工质量验收统一标准[S]. 北京:中国建筑工业出版社,2001.
[5] 中华人民共和国国家标准 GB 50204—2002 混凝土结构工程施工质量验收规范[S]. 北京:中国建筑工业出版社,2001.
[6] 建设行业职业技能培训教材编委会. 防水工[M]. 北京:中国计划出版社,2008.
[7] 中国建筑工业出版社. 防水工[M]. 北京:中国建筑工业出版社,2008.
[8] 李晓芳. 建筑防水工程施工[M]. 北京:中国建筑工业出版社,2008.
[9] 中华人民共和国国家标准 GB 50345—2004 屋面工程技术规范[S]. 北京:中国建筑工业出版社,2004.